目　　录

ICS 97.200.40
CCS Y 57

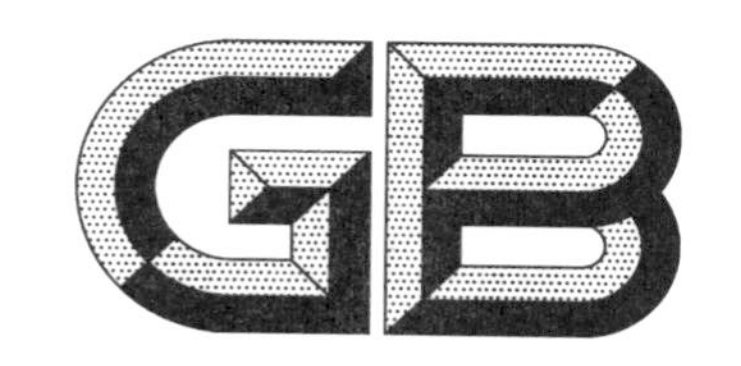

中华人民共和国国家标准

GB/T 42100—2022

游乐园安全 应急管理

Amusement park safety—Emergency management

2022-10-12 发布 2022-10-12 实施

国家市场监督管理总局
国家标准化管理委员会 发布

前　言

本文件按照GB/T 1.1—2020《标准化工作导则　第1部分：标准化文件的结构和起草规则》的规定起草。

请注意本文件的某些内容可能涉及专利。本文件的发布机构不承担识别专利的责任。

本文件由全国索道与游乐设施标准化技术委员会(SAC/TC 250)提出并归口。

本文件起草单位：广东长隆集团有限公司、中国特种设备检测研究院、广州长隆集团有限公司、珠海长隆投资发展有限公司、珠海长隆投资发展有限公司海洋王国、广州长隆集团有限公司香江野生动物世界分公司、广州长隆集团有限公司长隆夜间动物世界分公司(长隆欢乐世界)、广州长隆集团有限公司长隆开心水上乐园分公司。

本文件主要起草人：林伟明、宋伟科、王和亮、张丹、张勇、蒋敏灵、陈皓、郑志彬、甘兵鹏、张学礼、邬达明、郭健麟、蔡岭、郭俊杰、梁伟林、向洪飞、田博、覃权怀、赵强、刘斌、赵丁、钟怀霆、吴海明、蒲振鹏、董伟、谭栋材、刘春来、张鹏飞。

游乐园安全　应急管理

1　范围

本文件规定了游乐园应急管理的基本要求、应急组织、应急预案、应急保障能力建设、应急教育培训与应急演练、应急实施、应急评估与持续改进、应急档案。

本文件适用于游乐园的应急管理。旅游景区参照执行。

2　规范性引用文件

下列文件中的内容通过文中的规范性引用而构成本文件必不可少的条款。其中，注日期的引用文件，仅该日期对应的版本适用于本文件；不注日期的引用文件，其最新版本（包括所有的修改单）适用于本文件。

GB/T 29639　生产经营单位生产安全事故应急预案编制导则

GB/T 33942　特种设备事故应急预案编制导则

GB/T 38315　社会单位灭火和应急疏散预案编制及实施导则

GB/T 42101　游乐园安全　基本要求

GB/T 42103　游乐园安全　风险识别与评估

GB/T 42104　游乐园安全　安全管理体系

AQ/T 9009　生产安全事故应急演练评估规范

3　术语和定义

GB/T 42101 界定的以及下列术语和定义适用于本文件。

3.1

综合性应急预案　comprehensive emergency plan

游乐园为应对复合型安全风险或事故扩大可能引发不同类型的灾害后果，需要不同专业、不同单位共同参与应急的应急预案。

注：如设置在林地或森林中的游乐或动物观赏项目，由于电气设施引发的火灾涉及的多种情况的应急处置。

3.2

专项应急预案　specialized emergency plan

游乐园为应对某一类型或某几种类型安全风险，或者针对重要设备设施、重大安全风险、重大活动等内容而制定的应急预案。

注：重大安全风险指 GB/T 42103 规定的 1 级安全风险与 2 级安全风险。

[来源：GB/T 29639—2020，5.3，有修改]

3.3

现场处置方案　emergency response project

游乐园根据不同类型安全风险，针对具体的设备设施、场馆场所等制定的现场应急处置措施。

注：安全风险单一、危险性小的游乐园结合安全风险识别情况确定是否需要编制综合性应急预案、专项应急预案，

如不需要则只编制现场处置方案。

［来源：GB/T 29639—2020，5.4，有修改］

4 基本要求

4.1 游乐园应按照GB/T 42101、GB/T 42104和本文件的规定，明确本单位应急体系建设的目标、基本原则和重点，并不断完善。

4.2 游乐园所涉及的全地域、全时段、全范围、全过程、全部管理对象中可能发生的突发事件等，均应被应急体系有效覆盖。应急管理重点应侧重可能产生群死群伤事故的重要场地环境、重要建(构)筑物、重要设备设施、重要业务活动、重要作业及已识别出的重大安全风险。

注：应急体系是游乐园安全管理体系中应急管理要素分支系统，包括应急组织系统、应急管理机制、应急岗位职责与应急管理文件系统、应急预案体系、应急保障能力建设及应急演练等。

4.3 保障人身安全应作为游乐园应急管理的基本原则，并将大型载人设备、人员密集场地场馆中的游客快速疏散至安全区域作为保障人身安全的首要选择。

4.4 游乐园应制定应急管理程序文件与相关作业指导文件，依法依规开展本单位应急管理工作。应急管理程序文件与相关作业指导文件应包括但不限于下列内容：

a) 应急机制；
b) 应急组织与应急相关人员的职责；
c) 各级应急指挥人员任命文件；
d) 应急管理人员与现场应急救援队伍的应急理论知识和应急技能培训与考核制度；
e) 应急预案管理制度；
f) 应急演练制度；
g) 应急设备设施配备与管理制度；
h) 应急设备操作及自检维护规程文件；
i) 应急协作与外援管理制度；
j) 应急风险评估制度；
k) 应急预警、接警制度；
l) 值班值守制度；
m) 应急工作检查管理制度；
n) 突发事件应急信息上报、发布制度；
o) 应急实施过程相关环节管控制度；
p) 应急规划、计划、总结、考核、应急体系评估与持续改进完善制度；
q) 应急人员人身保险制度；
r) 应急预案与现场处置方案。

注：已按GB/T 29639制定的综合应急预案作为应急管理程序文件。

4.5 游乐园应完善突发事件监测预警，结合本单位实际情况与相关政府部门监测机构建立信息预警机制，对于无相关政府部门监测的安全风险，宜加强自身监测能力的建设与完善。

4.6 游乐园应完善“分类管理、分级预警”的信息发布体系，做到及时预警、及时接警，建立与政府应急管理部门、专业应急救援队伍的有效信息沟通与联动机制。

5 应急组织

5.1 游乐园应急组织包括应急领导小组、应急工作日常管理机构(以下简称应急管理机构)、应急实施团队，并应分别明确其应急职责。

5.2 应急领导小组应由单位主要负责人、分管业务负责人、专项安全负责人和主要部门负责人组成。应急管理机构宜由游乐园综合性职能部门牵头组建，由负责行政事务、运营、安保、安管、工程设备等部门人员组成。应急实施团队应包括应急指挥机构、应急总指挥与现场应急指挥、各应急职能小组。

5.3 应急实施团队中的应急总指挥、现场应急指挥及各应急职能小组的组长均应设置A、B角，以防开展应急时由于人员缺位导致无法及时开展现场救援或救援不能有效实施。

5.4 游乐园主要负责人应对各级组织应急总指挥A、B角，现场应急指挥A、B角进行正式任命，并对下列情况作出明确规定。

a) 赋予应急总指挥、现场应急指挥必要的指挥权力：
   1) 指挥调度相关人员与物资的权力；
   2) 临时决策的权力。
b) 承担应急总指挥与现场应急指挥的能力：
   1) 熟悉相关应急预案；
   2) 掌握应急措施与方法；
   3) 了解现场情况；
   4) 参加过相关应急演练；
   5) 具备应急处理的经验等。
c) 明确应急总指挥与现场应急指挥的权限，以及在何种情况下将应急总指挥或现场应急指挥职位让渡给上一级应急总指挥或上一级现场应急指挥的规定。
d) 证明胜任应急总指挥与现场应急指挥工作的考核要求。
e) 规范应急总指挥和现场应急指挥工作的相关文件(岗位职责、管理文件等)。

5.5 应急实施团队应根据处理不同类型突发事件的应急情况，配置相应专业或具有相应应急能力的人员。

5.6 各类专兼职应急救援人员的数量应能满足突发事件应急救援工作需要。应急救援人员应具备应急救援知识和技能，熟悉并掌握应急预案和应急设备设施的性能、使用方法，保证有效实施应急救援工作。专业化应急救援人员还应具有国家认可的相关资质。

5.7 游乐园应结合本单位的应急能力，与外部应急救援力量建立协作关系，并宜与心理辅导机构建立协作关系。

6 应急预案

6.1 游乐园应按照GB/T 29639规定的应急预案编制程序要求，组织开展应急预案的编制工作。应急预案编制前，应按照GB/T 42103进行风险识别与评估、对应急资源情况进行调查和评估，根据调查和评估结果规划能覆盖本单位可能发生的各类突发事件的应急预案体系。

6.2 应急预案体系包括综合性应急预案、专项应急预案与现场处置方案三个层级。综合性应急预案和专项应急预案的示例见附录A；现场处置方案可以作为专项应急预案的附件，支撑专项应急预案。各层级相关的应急预案之间及相关内容应相互衔接，综合性应急预案以及较重要的专项应急预案还应与当地政府及相关部门、社会专业应急救援队伍和涉及的有关单位的应急预案相衔接。

6.3 应急预案的内容参照GB/T 29639的相关规定。游乐园应根据使用的特种设备类别制定符合GB/T 33942和相关安全技术规范要求的特种设备专项应急预案。灭火和应急疏散预案应符合GB/T 38315的要求。受台风影响区域的游乐园应制定防台风专项应急预案。

6.4 应急预案应满足应急所涉及的具体对象特点、所处环境与地理位置、可能产生的事故类型和后果、设备与人员能力、营业和非营业时间等特定情况的应急处置与救援。

6.5 应急预案应实行动态管理，根据情况的变化及时充实、改进和完善，确保其具有针对性、科学性、实用性和可操作性。

示例：针对人员密集场地场馆的应急疏散预案需结合每个场地场馆的特点和风险分析，按照“一场地场馆一应急预案”的形式制定，并科学划分疏散单元，合理布置引导岗位以及明确负责人员、疏散路线等。

6.6 应急预案应按应急救援事项的重要程度、适用的相关组织、应急实施的地域等因素实施分级管理。应急预案分级如下。

a) 一级预案：
   1) 综合性应急预案；
   2) 高峰客流与大型活动人员应急疏散预案；
   3) 大型商业综合体与人员密集场地场馆各类专项应急预案；
   4) 重大安全风险应急预案；
   5) 大型游乐设施、客运索道、舞台机械等载人设备专项应急预案；
   6) 橙色以上气象灾害应对预案；
   7) 林区设置的游乐项目或展区的森林火灾专项应急预案；
   8) 锅炉、压力容器、燃气、易燃易爆危险物品等应急处置不当可能造成游客伤亡、重大社会影响的安全事故应急预案。
b) 二级预案：业务部门管辖业务范围内，且不属于a)范围的专项预案，或与a)规定情况相衔接的重要现场应急处置方案。
c) 三级预案：a)、b)规定情况以外的应急预案。

6.7 下列应急预案的应急总指挥应由游乐园主要负责人担任：

a) 一级应急预案；
b) 安全风险不确定，后果可能很严重的安全事故应急预案(如大型水族馆水体与设备设施损坏、水大量泄漏)；
c) 其他应由单位主要负责人担任总指挥的应急情况。

6.8 在编制应急预案的基础上，应针对工作场所、岗位的安全风险，依据应急预案中应急处置的程序和要点编制简明、实用、有效的应急处置卡。应急处置卡应便于从业人员携带，并应张贴在工作场所，设置明显的标志，便于在岗人员快速开展现场应急处置工作。

6.9 应急预案编制过程中，相关部门及其人员按照应急预案明确的职责分工和应急响应程序，以及开展应急演练的难易程度，可采取桌面演练的形式(如大型活动、高峰客流应急等)，模拟突发事件应对过程，逐步分析讨论并形成记录，检验应急预案的可行性，并进一步完善应急预案。

6.10 应急预案编制完成后，游乐园主要负责人应组织对本单位的应急预案进行评审或论证，并形成书面评审或论证纪要，评审程序及评审内容可参照GB/T 29639。经评审或论证后的应急预案应由游乐园主要负责人签署公布，并及时发放到本单位相关组织、岗位和应急救援队伍。

7 应急保障能力建设

7.1 游乐园应配备能够满足应急工作需要的应急设备设施、工器具与防护用品，建立应急设备设施与工器具清单与档案，开展日常性检查检测与维护保养，并做好记录，确保应急物资完好有效。

7.2 游乐园应将可提供应急援助的政府相关部门和应急外援机构的名单、地址、联系人和联系方式等信息整理后下发给本单位各级组织，并确保信息及时更新。

7.3 游乐园宜建立数字化监测系统、专业预警预报信息系统、应急指挥信息系统，以及支持上述系统的数据库。采用监测系统的应与本单位安全管理信息系统建立对接，共享应急信息及应急数据库。

7.4 游乐园应建立应急交通保障机制，在应急时可以快速实施必要的交通管制，设立警戒区和警戒哨对事发现场进行管控，开启应急救援“绿色通道”。

7.5 根据安全管理重点，游乐园宜设立应急避难场所。应急避难场所应设置明显的标志，并应定期维护。

7.6 游乐园可视情配置应急医疗救护团队，确保在突发事件发生时能快速反应，对伤员进行救治，并应建立应急医疗救护协作机制，同附近医院、紧急医疗救援中心(120)建立协作关系，或建立游乐园急救分站，确保在应急处置工作中能够得到足够数量的救护车和医护人员，伤员能够及时院前急救和入院救治。

8 应急教育培训与应急演练

8.1 应急教育培训

8.1.1 游乐园应定期采取多种形式的应急宣传与教育培训，普及突发事件的紧急避险、自救互救知识，提高从业人员和相关方人员的安全意识与应急处置技能。

8.1.2 应急教育培训应纳入安全教育培训工作计划并组织实施，包括但不限于下列内容：

a) 作业岗位安全风险情况；

b) 应急自救、他救、避险逃生知识与技能；

c) 应急预案、岗位应急知识教育、现场应急处置的程序、要点与方法等；

d) 应急设备设施与工器具使用、检查检测、维护保养的要求、要点与方法等。

8.1.3 对于重要从业人员，还应开展具有实战性的应急教育培训，培训的内容应包括本岗位安全风险识别，排除与管控安全风险的知识和技能。

8.1.4 对承担应急管理与专兼职救援人员的应急教育培训包括但不限于下列内容：

a) 应急管理法律法规；

b) 应急体系文件；

c) 应急预案；

d) 突发事件应对基本技能；

e) 现场应急救援安全防护知识与防护技能。

8.1.5 游乐园从业人员在入职、晋升、转岗时，应接受应急教育培训，确保掌握满足所在岗位要求的应急知识与技能。

8.1.6 应急教育培训的时间地点、内容、师资、参加人员和考核结果等情况应如实记入本单位的安全教育培训档案。

8.2 应急演练

8.2.1 游乐园各级组织应开展不同层级与类别(综合性、专项、现场处置等)、不同组织形式(实战演练和桌面演练)、不同目的与作用(检验性、示范性、研究性)的应急演练。

注：桌面演练是针对难以开展现场应急演练的突发事件情景，利用图纸、沙盘、流程图、计算机、视频等辅助手段，依据应急预案而进行交互式讨论或模拟应急状态下应急行动的演练活动。

8.2.2 游乐园各级组织应以检验应急预案、磨合应急机制、锻炼应急队伍、提高应急技能
识、完善应急准备作为应急演练的目的。

8.2.3　游乐园应制定年度应急演练计划，确保每份综合性应急预案、专项应急预案每年至少演练一次，每份现场处置方案每半年至少演练一次，应急预案的演练时机、演练频次要求如下：

a）在国庆、春节、寒暑假和特殊运营活动等高峰客流来临前，应开展高峰客流应对演练；
b）消防安全重点单位灭火和应急疏散演练应至少每半年演练一次，并宜结合预期高峰客流前开展；
c）涉及森林防火的游乐园应在每年进入森林防火特别防护期前至少开展一次森林火灾扑救和应急疏散演练；
d）特种设备应急演练应至少每年组织一次，其中每台（套）大型游乐设施、客运索道应急救援演练宜结合预期高峰客流前开展；
e）大型活动专项应急预案应在每次大型活动实施前至少演练一次，对于不能实际开展的大型活动人员疏散演练，可采用桌面演练方式；
f）针对非营业期间可能发生的火灾、燃气泄漏等事故的应急演练应至少每半年在非营业时间演练一次；
g）载客船舶的救生和消防演练应至少每半年演练一次，工作船舶应至少每年演练一次。

8.2.4　应急演练应从实战角度出发，以应急救援队伍和一线从业人员为主，相关管理人员、技术人员与关联岗位一线作业人员共同参与。如有条件应定期开展“双盲”演练，检验应急信息沟通、传递是否顺畅，应急人员对预案的熟悉程度和应急预案的可操作性；检验各部门的职责定位是否明确，应急指挥和应急处置是否科学得当。

注：双盲演练是指演练前，在不告知参演部门、人员演练的时间、地点和内容的情况下开展的应急演练。

8.2.5　应急演练前，游乐园应急管理机构或相关组织应对应急演练的开展进行策划及准备。一级应急预案演练可编制应急演练工作方案、演练脚本、演练安全保障方案，以及开展相关应急演练所需的工作协调、情景布置、准备所需的经费和物资等。应急演练的脚本编制应符合应急预案中应急处置的要求。

8.2.6　综合性应急演练在编制应急演练方案时，应结合本单位实际，模拟可能出现的最复杂情况制定应急联动演练方案，以检验应急指挥人员和应急救援队伍的应急响应与协同应急能力。

8.2.7　应急演练应按照应急预案的规定进行。游乐园主要负责人或应急总指挥B角应参与6.7规定的应急演练。

8.2.8　进行实景模拟性大型应急演练活动应在事前或在演练现场向公众公告。应急演练对周围公众正常生产和生活可能造成影响的，应在演练前7 d公示告知，并按规定向政府相关部门事前备案。

8.2.9　应急预案演练结束后，应按照AQ/T 9009的要求对应急预案演练效果进行评估，应急演练评估表见附录B，撰写应急预案演练评估报告，分析存在的问题，并对应急预案提出修订意见。

8.2.10　应急演练评估包括但不限于下列方面：

a）演练目标的实现；
b）预案的合理性；
c）演练的组织和实施；
d）应急总指挥人员、现场应急指挥与其他参演人员的表现；
e）应急机制的合理性；
f）应急保障的充分性；
g）演练中暴露的问题。

9 应急实施

9.1 预警与报警

9.1.1 游乐园应做好突发事件应急预警分工。负责预警的内设部门应建立完善应急预警制度，严格按照制度规定的预警措施、方法、渠道及要求收集、整理、研判、上报、发布预警信息。

9.1.2 为便于在突发事件发生时及时报警，应在游客密集区域、重要场地场馆、重要设备设施、重大安全风险区域等显著位置以及游乐园介绍橱窗上公布突发事件报警电话及其他报警联系方式。

9.2 应急响应与现场救援

9.2.1 发生突发事件后，事发现场的在岗人员应根据事发情况，按照相应的现场处置方案或应急处置卡的相关要求和流程进行上报及实施初步的现场救援处置。

9.2.2 应急总指挥接到报警后，应立即启动相应的应急预案，赶往现场或应急指挥中心指挥实施应急响应及救援。各部门、各层级应急责任人员在接到报警后，均应启动应急响应，集合应急人员、领取应急物资为现场应急救援进行准备，并应立即赶往事发现场。

9.2.3 启动应急预案后，应急实施团队、相关部门，立即采取相应行动，各司其职，各尽其责，相互配合，按照应急预案规定的程序、方法、技术措施等开展现场应急处置与救援。对于启动6.7规定的应急预案时，单位主要负责人或其B角应担任应急总指挥，不应授权不满足5.4要求的其他人。

9.2.4 对于发生可能产生政府管辖事故后果的突发事件时，应按规定的报告程序、时限与要求向所在地政府相关部门报告，并随事态的发展，及时补报、续报有关安全事故情况。

9.2.5 应急总指挥应组织应急管理人员、专业技术人员等根据事发现场的实际情况研判突发事件危害、发展趋势，可能影响危及的生命、财产、环境安全情况，拟定防范与保护性措施建议。

9.2.6 如需启动外部专业应急救援队伍或供水、供电、供气等相关企业进行支援，应立即通知请求支援，防止事态扩大。当发生的突发事件超出本单位应急处置权限时，应立即报告政府相关部门，请求启动政府应急预案并应做好移交应急救援指挥权的各项准备。

9.2.7 现场救援组在实施应急处置与救援中，应优先疏散、解救人员。当具备条件时，应实施同步疏散、解救人员与控制事故扩大的策略。应急救援人员应充分采取安全措施，配备必要的应急防护装备与工器具，应急危险作业应有专人监护。遇有严重危及人身安全的重大紧急情况或可能引发严重次生、衍生灾害情况时，应立即停止现场作业并撤除人员、封闭事故现场、疏散周边人员、转移可能造成事态扩大的危险物资，采取一切可能措施避免或者减轻危害。

9.3 应急结束及善后处理

9.3.1 当突发事件遇险人员被全部救出，现场得到有效控制，次生、衍生事故危害被基本消除，现场应急处置与救援工作基本完成，达到规定的终止条件时，应由应急救援工作总指挥宣布应急结束。

9.3.2 应急处置与救援结束后，应立即开展善后处理工作，包括但不限于下列方面：

a) 对受害人员进行抚恤处理，提供法律援助、心理咨询抚慰；
b) 对人员进入或返回现场的条件进行检查；
c) 清理现场及检测受影响区域；
d) 控制疫情或消除环境污染；
e) 恢复供电、通信、供水、排水、道路通行；
f) 上报突发事件情况；

g) 向事故调查处理小组移交相关资料。

9.3.3 应急处置结束后，应急总指挥应组织参与应急工作的人员对突发事件应急处置与救援各方面、各个环节的工作，进行全面总结；对存在的问题与不足，提出改进措施。

9.3.4 突发事件应急处置工作总结包括但不限于下列方面：

a) 信息接收、流转、报送情况；
b) 先期处置情况；
c) 应急处置与救援开展情况以及实际效果；
d) 现场制定的救援方案及执行情况；
e) 现场应急救援队伍工作情况；
f) 现场特殊情况的沟通与处理情况；
g) 现场管理和信息发布情况；
h) 应急资源保障情况；
i) 防控环境影响措施的执行情况；
j) 应急处置与救援成效、经验和教训。

9.4 应急信息报送与传递

9.4.1 在启动应急预案的同时，应急指挥机构人员应密切跟踪事态发展，对外联络组专责人员应及时上报、通报突发事件与安全事故应急救援信息和事态发展信息。

9.4.2 信息报送应贯穿于安全事故的预防与应急准备、监测与预警、应急处置与救援、事后恢复与重建等应对活动的全过程。

10 应急评估与持续改进

10.1 应急评估

10.1.1 为了持续改进应急准备，提升应急处置与救援能力，游乐园应按照客观、公正、科学的原则对游乐园应急体系建设与运行情况开展定期评估。

10.1.2 定期评估工作包括对应急组织的设立与履职、应急管理文件（含应急预案）的建立与执行、应急演练的实施、应急保障能力的配置及突发事件的应急处置等方面情况进行全面评估。应急体系建设与运行情况评估可结合本单位的管理体系内审或管理体系评审一并开展。应急评估项目表见附录C。

10.1.3 应急评估可以邀请有关专业机构或者有关专家、有实际应急救援工作经验的人员参加，必要时可以委托相关安全技术服务机构实施。

10.2 持续改进

10.2.1 应急管理工作持续改进的内容包括但不限于下列方面：

a) 完善应急组织机构与职责；
b) 修改与完善应急预案；
c) 调整应急实施团队人员；
d) 更新配备应急物资；
e) 完善应急演练方式；
f) 完善应急预警、接警与信息通报；
g) 改进应急协作要求；

h) 完善应急教育培训的形式与内容。

10.2.2 有下列情形之一的，应及时修订应急预案并归档：

a) 依据的法律、法规、规章、标准及上位预案中的有关规定发生重大变化；

b) 应急指挥机构及其职责发生调整；

c) 面临的安全风险发生重大变化；

d) 重要应急资源发生重大变化；

e) 预案中的其他重要信息发生变化；

f) 在应急演练和应急救援实施中发现问题需要修订；

g) 其他需要修订预案的情况。

10.2.3 对于开展应急演练、应急处置实施、应急评估工作中存在的不足或问题，应确定整改目标、制定整改计划、落实整改措施予以有效整改，并应跟踪督查整改完成情况、验证整改结果，经游乐园主要负责人批准后方可确认问题得以解决。

11 应急档案

11.1 游乐园应建立健全并落实执行突发事件应急档案制度。

11.2 应急档案应包括但不限于下列方面：

a) 应急组织机构框架文件(任命文件等)；

b) 4.4 中规定的安全管理体系的相关应急文件；

c) 应急指挥机构及相关人员岗位职责；

d) 应急保障条件相关文件；

e) 应急演练计划、演练方案与演练实施记录(文字与音像资料)；

f) 应急教育培训计划以及计划实施情况资料；

g) 应急值班人员台账与值班记录；

h) 现场应急处置与救援、相关资料(应急预警、接警，应急准备，现场应急处置与救援活动资料等)；

注：现场应急处置与救援的资料采用文字、录音或视频等手段，完整、准确地记录险情及应急处置与救援中的重要事项与过程。

i) 应急总结、应急评估报告及应急体系文件改进相关资料；

j) 其他相关资料(如应急规划、年度计划与总结、考核与奖惩等)。

附 录 A
（资料性）
游乐园应急预案示例

游乐园综合性应急预案示例见表A.1，游乐园专项应急预案示例见表A.2。

表A.1 游乐园综合性应急预案示例

序号	综合性应急预案名称	备注
1	临近林区锅炉爆炸事故、森林火灾、燃气、动物逃逸与人员疏散综合性预案	临近林区的燃气锅炉发生爆炸事故，引发燃气泄漏，导致发生森林火灾，林区动物发生逃逸，对在林区游玩的游客进行应急疏散
2	海洋动物展馆火灾、大型亚克力玻璃水体泄漏与人员应急疏散综合性应急预案	海洋动物展馆由于火灾，引发大型亚克力玻璃水体大量泄漏，对游客进行应急疏散
3	建(构)筑物倒塌、燃气泄漏与人员应急疏散综合性应急预案	由地面沉降引发建(构)筑物倒塌和燃气管道破损，对游客进行应急疏散
4	火灾与大型游乐设施高空滞留综合性应急预案	发生火灾，导致大型游乐设施运行故障，对高空滞留人员的救援

表A.2 游乐园专项应急预案示例

序号	安全事件事故类型	专项应急预案名称	备注
1	特种设备事故	游乐设施事故专项应急预案	游乐设施高空滞留人员，人员坠落、溺水等
		客运索道事故专项应急预案	客运索道高空滞留人员，人员坠落等
		锅炉事故专项应急预案	
		压力容器事故专项应急预案	包括： 1) 压力容器有毒介质泄漏； 2) 压力容器爆炸
		压力管道事故专项应急预案	包括： 1) 压力管道有毒介质泄漏； 2) 压力管道爆炸
		电梯事故专项应急预案	电梯轿厢滞留人员
		起重机械事故专项应急预案	起重机械主要受力结构件折断或起升机构坠落和整体倾覆包括： 1) 起重机主要受力； 2) 随车起重机； 3) 移动式升降工作平台
		场内专用机动车辆事故专项应急预案	

表 A.2 游乐园专项应急预案示例（续）

序号	安全事件事故类型	专项应急预案名称	备注
2	应急疏散	人员密集场地场馆应急疏散专项预案	按照“一场地场馆，一预案”原则制定
3	火灾事故	灭火和应急疏散总体（专项）应急预案	
4	电气安全	触电事故专项应急预案	
5	燃气安全	燃气事故专项应急预案	包括： 1）燃气泄漏； 2）燃气火灾和爆炸
6	自然灾害	台风应对专项应急预案	包括建筑屋面、外立面装饰物或悬吊挂物掉落，建（构）筑物结构损毁等
		暴雨应对专项预案	
		大风应对专项预案	
		高温应对专项预案	
		雷电应对专项预案	
		冰雹应对专项预案	
		地质灾害专项应急预案	包括滑坡、泥石流等
		森林火灾专项应急预案	
7	食品安全	食品安全专项应急预案	
8	道路交通事故	陆地交通事故专项应急预案	
		水上交通事故专项应急预案	
9	危险化学品事故	危险化学品事故专项应急预案	包括： 1）危险化学品泄漏； 2）危险化学品中毒和窒息； 3）危险化学品火灾和爆炸
10	基础设施事故	水利基础设施事故专项应急预案	包括停水和水体泄漏
		电力基础设施专项应急预案	大面积停电事故
		燃气基础设施专项应急预案	停气
		通信基础设施专项应急预案	移动通信网络大面积瘫痪
		建（构）筑物坍塌事故专项应急预案	
11	其他	急救及医疗专项应急预案	
		高峰客流应对专项应急预案	
		动物安全专项应急预案	凶猛动物逃逸

附　录　B
（资料性）
应急演练评估表

实战演练评估表见表 B.1，桌面演练评估表见表 B.2。

表 B.1　实战演练评估表

演练名称					
组织单位		演练时间		演练地点	
评估项目	评估内容				评估结果
1　演练策划与准备	1.1　演练目标明确且具有针对性				□符合　□不符合
	1.2　参演组织机构合理且分工明确，组织机构与人员职责与应急预案相符				□符合　□不符合
	1.3　演练情景符合实际情况				□符合　□不符合
	1.4　制定了演练工作方案，且要素齐全				□符合　□不符合
	1.5　演练工作方案内容与应急预案进行了衔接				□符合　□不符合
	1.6　演练工作方案提前发给各参演单位、部门及人员				□符合　□不符合
	1.7　演练保障条件充分，演练实施前进行了检查确认				□符合　□不符合
	1.8　演练实施前，对参演人员进行了培训或组织预演				□符合　□不符合
2　演练实施过程	2.1　情景事件发生后，能够做到有效监测、预警、报警工作，接警后能够及时通知相应单位				□符合　□不符合
	2.2　演练中突发事件与事故信息报告程序规范，符合应急预案要求				□符合　□不符合
	2.3　应急领导小组能快速判断突发事件的严重程度，启动应急预案				□符合　□不符合
	2.4　演练单位及相关单位能够持续跟踪、监测突发事件全过程，评估潜在危害并及时报告事态信息				□符合　□不符合
	2.5　现场应急指挥部能及时成立，对应急职能小组进行统一指挥，对应急处置中的问题进行综合协调，做出正确有效的决策				□符合　□不符合
	2.6　参演人员能够按照预案规定或在指定的时间内迅速达到现场开展救援，现场参演人员职责清晰、分工合理				□符合　□不符合
	2.7　参演人员应急处置程序正确、规范，处置措施执行到位				□符合　□不符合
	2.8　应急设备设施、器材等数量和性能能够满足现场应急需要				□符合　□不符合
	2.9　应急通信畅通				□符合　□不符合
	2.10　能够主动就突发事件情况在单位内部进行告知，并及时通知相关方				□符合　□不符合
	2.11　应急救援人员配备适当的个体防护装备，或采取了必要的自我安全防护措施				□符合　□不符合
	2.12　能有效进行警戒，划定警戒区域，进行交通管制并维护好秩序				□符合　□不符合
	2.13　影响范围内人员进行有效疏散，并安置到避难场所				□符合　□不符合

表 B.1 实战演练评估表（续）

演练名称					
组织单位		演练时间		演练地点	
评估项目	评估内容				评估结果
2 演练实施过程	2.14 医务人员能迅速启动，抢救伤员				□符合 □不符合
	2.15 应急处置结束后，及时消除遗留隐患，撤离设备设施，恢复现场				□符合 □不符合
	2.16 应急响应的解除程序符合实际并与应急预案中规定的内容相一致				□符合 □不符合
3 演练效果评估	3.1 应急预案得到了充分验证和检验，并发现了问题与不足				□符合 □不符合
	3.2 参演人员的能力得到了充分检验和锻炼				□符合 □不符合
	3.3 应急物资准备情况得到了检查				□符合 □不符合
	3.4 应急机制得到了磨合，相关单位和人员的职责和任务更加明确				□符合 □不符合
演练过程中好的做法：					
演练中存在的不足、问题：					
评估人签字：			日期：		

表 B.2 桌面演练评估表

<table>
<tr><td>演练名称</td><td colspan="5"></td></tr>
<tr><td>组织单位</td><td></td><td>演练时间</td><td></td><td>演练地点</td><td></td></tr>
<tr><td>评估项目</td><td colspan="4">评估内容</td><td>评估结果</td></tr>
<tr><td rowspan="6">1 演练策划与准备</td><td colspan="4">1.1 演练目标明确且具有针对性</td><td>□符合 □不符合</td></tr>
<tr><td colspan="4">1.2 参演组织机构合理且分工明确，组织机构与人员职责与应急预案相符</td><td>□符合 □不符合</td></tr>
<tr><td colspan="4">1.3 演练情景符合实际情况</td><td>□符合 □不符合</td></tr>
<tr><td colspan="4">1.4 制定了演练工作方案，且要素齐全</td><td>□符合 □不符合</td></tr>
<tr><td colspan="4">1.5 演练工作方案内容与应急预案进行了衔接</td><td>□符合 □不符合</td></tr>
<tr><td colspan="4">1.6 演练保障条件满足桌面演练需要</td><td>□符合 □不符合</td></tr>
<tr><td rowspan="13">2 演练实施</td><td colspan="4">2.1 演练背景、进程以及参演人员角色分工等清晰正确</td><td>□符合 □不符合</td></tr>
<tr><td colspan="4">2.2 根据事态发展，分级响应迅速、准确</td><td>□符合 □不符合</td></tr>
<tr><td colspan="4">2.3 模拟指挥人员能够表现出较强指挥协调能力，演练过程中有效协调各项工作，掌控全局</td><td>□符合 □不符合</td></tr>
<tr><td colspan="4">2.4 按照模拟真实发生的事件表述应急处置方法和内容</td><td>□符合 □不符合</td></tr>
<tr><td colspan="4">2.5 通过多媒体文件、沙盘、信息条等多种形式向参演人员展示应急演练场景，满足演练要求</td><td>□符合 □不符合</td></tr>
<tr><td colspan="4">2.6 参演人员能够准确接收并正确理解演练注入的信息</td><td>□符合 □不符合</td></tr>
<tr><td colspan="4">2.7 参演人员根据演练提供的信息和情况能够做出正确的判断和决策</td><td>□符合 □不符合</td></tr>
<tr><td colspan="4">2.8 参演人员能够熟悉事故信息的接报程序、方法和内容</td><td>□符合 □不符合</td></tr>
<tr><td colspan="4">2.9 参演人员熟悉各自应急职责，并能够较好配合其他小组或人员开展工作</td><td>□符合 □不符合</td></tr>
<tr><td colspan="4">2.10 参与演练各小组负责人能够根据小组成员意见做出本小组的统一决策意见</td><td>□符合 □不符合</td></tr>
<tr><td colspan="4">2.11 参演人员对决策意见的表达思路清晰、内容全面</td><td>□符合 □不符合</td></tr>
<tr><td colspan="4">2.12 参演人员的各项决策、行动符合角色身份要求</td><td>□符合 □不符合</td></tr>
<tr><td colspan="4">2.13 应急演练参与人员能够全身心地参与到整个演练活动中</td><td>□符合 □不符合</td></tr>
<tr><td rowspan="3">3 演练效果评估</td><td colspan="4">3.1 应急预案得到了充分验证和检验，并发现了问题与不足</td><td>□符合 □不符合</td></tr>
<tr><td colspan="4">3.2 参演人员的能力得到了充分检验和锻炼</td><td>□符合 □不符合</td></tr>
<tr><td colspan="4">3.3 应急机制得到了磨合，相关单位和人员的职责任务更加明确</td><td>□符合 □不符合</td></tr>
<tr><td colspan="6">演练过程中好的做法：</td></tr>
<tr><td colspan="6">演练中存在的不足、问题：</td></tr>
<tr><td colspan="3">评估人签字：</td><td colspan="3">日期：</td></tr>
</table>

附　录　C
（资料性）
应急评估项目表

应急评估项目表见表 C.1。

表 C.1　应急评估项目表

<table>
<tr><td>单位名称</td><td colspan="5"></td></tr>
<tr><td>组织单位/部门</td><td></td><td>评估时间</td><td></td><td>评估人员</td><td></td></tr>
<tr><td>评估项目</td><td colspan="4">评估内容</td><td>评估结果</td></tr>
<tr><td rowspan="6">1　应急组织</td><td colspan="4">1.1　组建了应急领导小组，人员配置符合要求且职责明确</td><td>□符合　□不符合</td></tr>
<tr><td colspan="4">1.2　组建了应急工作日常管理机构，人员配置符合要求且职责明确</td><td>□符合　□不符合</td></tr>
<tr><td colspan="4">1.3　根据不同类型的突发事件，配置了相应专业或具有相应的应急能力的应急实施团队</td><td>□符合　□不符合</td></tr>
<tr><td colspan="4">1.4　应急实施团队中应急总指挥、现场应急指挥及各应急职能小组的组长均设置 A、B 角</td><td>□符合　□不符合</td></tr>
<tr><td colspan="4">1.5　各类应急救援人员的数量和应急救援知识及技能，满足应急救援工作的需要</td><td>□符合　□不符合</td></tr>
<tr><td colspan="4">1.6　授权值班人员担任应急总指挥、日常应急总指挥或现场应急指挥，采用发文或其他形式对其能力和应急时的权限予以明确规定</td><td>□符合　□不符合</td></tr>
<tr><td rowspan="3">2　应急机制与应急管理文件</td><td colspan="4">2.1　应急机制完善且运行正常</td><td>□符合　□不符合</td></tr>
<tr><td colspan="4">2.2　应急管理制度齐全完整且有效执行</td><td>□符合　□不符合</td></tr>
<tr><td colspan="4">2.3　应急设备设施与工器具制定了操作规程与自检维护规程</td><td>□符合　□不符合</td></tr>
<tr><td rowspan="8">3　应急预案</td><td colspan="4">3.1　建立覆盖本单位可能发生的各类突发事件的应急预案体系</td><td>□符合　□不符合</td></tr>
<tr><td colspan="4">3.2　应急预案体系应包括综合性应急预案、专项应急预案与现场处置方案三个层级</td><td>□符合　□不符合</td></tr>
<tr><td colspan="4">3.3　各层级相关的应急预案之间及相关内容相互衔接</td><td>□符合　□不符合</td></tr>
<tr><td colspan="4">3.4　应急预案具备针对性、科学性、实用性和可操作性</td><td>□符合　□不符合</td></tr>
<tr><td colspan="4">3.5　应急预案按应急救援事项的重要程度、应急预案适用的业务部门班组、应急实施的地域等因素，对应急预案实施分级管理</td><td>□符合　□不符合</td></tr>
<tr><td colspan="4">3.6　应急预案中担任应急总指挥的人员满足要求</td><td>□符合　□不符合</td></tr>
<tr><td colspan="4">3.7　应急预案经过评审或论证，经批准后发布</td><td>□符合　□不符合</td></tr>
<tr><td colspan="4">3.8　应急预案根据内外部环境条件、应急能力、应急人员、法律、法规等方面的变化及时修订预案</td><td>□符合　□不符合</td></tr>
</table>

表 C.1 应急评估项目表（续）

<table>
<tr><td>单位名称</td><td colspan="5"></td></tr>
<tr><td>组织单位/部门</td><td></td><td>评估时间</td><td></td><td>评估人员</td><td></td></tr>
<tr><td>评估项目</td><td colspan="4">评估内容</td><td>评估结果</td></tr>
<tr><td rowspan="5">4 应急
保障能力</td><td colspan="4">4.1 配备能够满足应急工作需要的应急设备设施、工器具与防护用品</td><td>□符合 □不符合</td></tr>
<tr><td colspan="4">4.2 应急设备设施与工器具开展日常性检查检测与维护保养，确保应急物资完好有效</td><td>□符合 □不符合</td></tr>
<tr><td colspan="4">4.3 建立可提供应急援助的政府管理部门以及其他应急外援机构的通讯录</td><td>□符合 □不符合</td></tr>
<tr><td colspan="4">4.4 建立应急指挥信息系统，完善通信保障措施</td><td>□符合 □不符合</td></tr>
<tr><td colspan="4">4.5 组建应急医疗救护团队</td><td>□符合 □不符合</td></tr>
<tr><td rowspan="3">5 应急
教育培训</td><td colspan="4">5.1 制定应急教育培训计划，并按照计划开展多种形式的应急宣传与教育培训</td><td>□符合 □不符合</td></tr>
<tr><td colspan="4">5.2 从业人员在入职、晋升、转岗时，均接受应急教育培训，确保掌握满足本岗位要求的应急知识与技能</td><td>□符合 □不符合</td></tr>
<tr><td colspan="4">5.3 建立应急教育培训档案</td><td>□符合 □不符合</td></tr>
<tr><td rowspan="3">6 应急演练</td><td colspan="4">6.1 制定年度应急演练计划且计划制定合理、内容完整、项目齐全</td><td>□符合 □不符合</td></tr>
<tr><td colspan="4">6.2 按照年度演练计划，按时完成应急演练(尤其是特定时期，如高峰客流前)</td><td>□符合 □不符合</td></tr>
<tr><td colspan="4">6.3 应急演练结束后，按要求开展应急演练评估</td><td>□符合 □不符合</td></tr>
<tr><td rowspan="4">7 应急
工作管理</td><td colspan="4">7.1 制定应急工作计划</td><td>□符合 □不符合</td></tr>
<tr><td colspan="4">7.2 开展应急工作检查</td><td>□符合 □不符合</td></tr>
<tr><td colspan="4">7.3 开展应急工作总结</td><td>□符合 □不符合</td></tr>
<tr><td colspan="4">7.4 建立并完善应急档案</td><td>□符合 □不符合</td></tr>
<tr><td colspan="6">应急评估不符合项描述：
一、应急组织
1.
2.
……
二、应急机制与应急管理文件
1.
2.
……</td></tr>
</table>

表 C.1 应急评估项目表（续）

<table>
<tr><td>单位名称</td><td colspan="5"></td></tr>
<tr><td>组织单位/部门</td><td></td><td>评估时间</td><td></td><td>评估人员</td><td></td></tr>
<tr><td>评估项目</td><td colspan="4">评估内容</td><td>评估结果</td></tr>
<tr><td colspan="6">应急评估良好实践项描述：
一、应急组织
1.
2.
……
二、应急机制与应急管理文件
1.
2.
……</td></tr>
<tr><td colspan="3">评估人签字：</td><td colspan="3">日期：</td></tr>
</table>

ICS 97.200.40
CCS Y 57

中华人民共和国国家标准

GB/T 42101—2022

游乐园安全 基本要求

Amusement park safety—General requirments

2022-10-12 发布 2022-10-12 实施

国家市场监督管理总局
国家标准化管理委员会 发布

前　言

本文件按照 GB/T 1.1—2020《标准化工作导则　第1部分:标准化文件的结构和起草规则》的规定起草。

请注意本文件的某些内容可能涉及专利。本文件的发布机构不承担识别专利的责任。

本文件由全国索道与游乐设施标准化技术委员会(SAC/TC 250)提出并归口。

本文件起草单位:广东长隆集团有限公司、中国特种设备检测研究院、广州长隆集团有限公司、珠海长隆投资发展有限公司、珠海长隆投资发展有限公司海洋王国、广州长隆集团有限公司香江野生动物世界分公司、广州长隆集团有限公司长隆夜间动物世界分公司、广州长隆集团有限公司长隆开心水上乐园分公司。

本文件主要起草人:林伟明、沈功田、梁朝虎、张勇、甘兵鹏、蒋敏灵、宋伟科、付恒生、张丹、董贵信、王和亮、陈皓、蒲振鹏、郭俊杰、张学礼、陈永振、赵强、廖启珍、田博、韩绍华、向洪飞、赵丁、钟怀霆、刘然、周泽武、刘斌、张鹏飞、王勇、刘春来。

游乐园安全　基本要求

1　范围

本文件规定了游乐园安全的总体要求、通用安全要求、专项安全要求。

本文件适用于游乐园安全管理。旅游景区可参照执行。

2　规范性引用文件

下列文件中的内容通过文中的规范性引用而构成本文件必不可少的条款。其中，注日期的引用文件，仅该日期对应的版本适用于本文件；不注日期的引用文件，其最新版本（包括所有的修改单）适用于本文件。

GB 2893　安全色

GB 2894　安全标志及其使用导则

GB 5725　安全网

GB 5768.1　道路交通标志和标线　第1部分：总则

GB 5768.2　道路交通标志和标线　第2部分：道路交通标志

GB 5768.3　道路交通标志和标线　第3部分：道路交通标线

GB 8408　大型游乐设施安全规范

GB/T 9969　工业产品使用说明书　总则

GB 10631　烟花爆竹　安全与质量

GB 12352　客运架空索道安全规范

GB 13495.1　消防安全标志　第1部分：标志

GB 15603　常用化学危险品贮存通则

GB 15630　消防安全标志设置要求

GB/T 16895.13　低压电气装置　第7-701部分：特殊装置或场所的要求　装有浴盆和淋浴的场所

GB/T 16895.19　低压电气装置　第7-702部分：特殊装置或场所的要求　游泳池和喷泉

GB/T 16895.26　建筑物电气装置　第7-740部分：特殊装置或场所的要求　游乐场和马戏场中的构筑物、娱乐设施和棚屋

GB 19517　国家电气设备安全技术规范

GB/T 19678.1　使用说明的编制　构成、内容和表示方法　第1部分：通则和详细要求

GB 24284　大型焰火燃放安全技术规程

GB/T 33170.1　大型活动安全要求　第1部分：安全评估

GB/T 36742—2018　气象灾害防御重点单位气象安全保障规范

GB 37488　公共场所卫生指标及限值要求

GB/T 38315　社会单位灭火和应急疏散预案编制及实施导则

GB/T 40248　人员密集场所消防安全管理

GB/T 42100　游乐园安全　应急管理

GB/T 42102　游乐园安全　现场安全检查

GB/T 42103　游乐园安全　风险识别与评估

GB/T 42104 游乐园安全 安全管理体系
GB 50016 建筑设计防火规范(2018 年版)
GB 50057 建筑物防雷设计规范
GB 50352 民用建筑设计统一标准
GB 51192 公园设计规范
GB 55005 木结构通用规范
GB 55006 钢结构通用规范
GB 55007 砌体结构通用规范
GB 55008 混凝土结构通用规范
GB 55021 既有建筑鉴定与加固通用规范
GB 55024 建筑电气与智能化通用规范
CJJ/T 263 动物园管理规范
CJJ 267 动物园设计规范
DZ/T 0221 崩塌、滑坡、泥石流监测规范
GA/T 1291 大型群众性活动中彩色粉末使用的规定
JGJ 46 施工现场临时用电安全技术规范
JGJ 57 剧场建筑设计规范
JGJ 58 电影院建筑设计规范
JGJ 102 玻璃幕墙工程技术规范
JGJ 133 金属与石材幕墙工程技术规范
JGJ 336 人造板材幕墙工程技术规范
JTG D81 公路交通安全设施设计规范
LB/T 068 景区游客高峰时段应对规范
LY/T 2662 森林防火安全标志及设置要求
QX/T 109 城镇燃气雷电防护技术规范
QX/T 225 索道工程防雷技术规范
QX/T 264 旅游景区雷电灾害防御技术规范
QX/T 354 烟花爆竹燃放气象条件等级

3 术语和定义

下列术语和定义适用于本文件。

3.1

游乐园 amusement park

为游客提供游乐设施与游玩体验项目、观演观赏及餐饮休憩等相关配套服务的合法经营单位。

3.2

重要场地环境 critical environmental site

游乐园内人员聚集活动的场地环境。

3.3

重要设备设施 critical equipment and facilities

一旦发生事故,会造成重大人身伤害和财产损失的设备设施。

注:重要设备设施包括特种设备、演出设备设施、燃气设备设施、电力设备设施、危险物品储存与使用设备设施、应急处置救援设备设施等。

3.4

重要作业　critical operation

特种设备作业、特种作业、危险作业等直接涉及人身安全的作业。

3.5

危险作业　hazardous operation

对操作者本人、他人安全或周围环境高度危险的作业。

注：如高空、高压、密闭或有限空间、动火、动土、吊装与拆卸、易燃易爆、剧毒、放射性等作业。

3.6

大型活动　large-scale activity

游乐园面向社会公众举办的可能造成游客大量聚集的非日常性群体活动。

4　总体要求

4.1　游乐园安全管理应遵循"安全第一、预防为主、综合治理"的方针，坚持"以人为本、安全发展"的科学发展理念，落实企业主体责任，形成"人人参与、人人有责"的安全工作机制。

4.2　游乐园安全管理应有效覆盖本单位所涉及的全地域、全时段、全范围、全过程、全部管理对象，避免出现安全管理空白。

4.3　对于新建、改建、扩建项目的安全质量管理，应从设计、制造等方面进行有效源头管控，避免新建、改建、扩建项目出现先天缺陷与事故隐患。

4.4　游乐园安全管理应突出重点，根据本单位具体情况，确定重要场地环境、重要建(构)筑物、重要设备设施、重要从业人员、重要业务活动与重要作业，识别管控安全风险，排查治理事故隐患，切实保障游客、员工与第三方人员的人身安全。

注1：重要建(构)筑物包括游客活动建(构)筑物、员工集中的生产生活建筑物、危险物品仓库、高低压电房、重要机房、户外大型广告设施等。

注2：重要从业人员是涉及重要场地环境、重要建(构)筑物、重要设备设施、重要工艺与作业、重大危险源等方面的安全管理、操作、服务、检查检测、监控、维护保养、修理改造、应急指挥与救援等人员。

4.5　应建立以落实安全责任制为核心的安全管理组织体系与规章制度体系。规模较大、经营业态多样、人员接待量较多的游乐园，应建立符合GB/T 42104，对本单位全部安全管理要素进行系统化管控的安全管理体系。

4.6　游乐园应按照本文件以及GB/T 42104、GB/T 42100的要求，设置安全管理机构、健全组织架构，配备各类从业人员并组织安全教育培训，保障人员、资金、物资、技术等的投入，加强标准化、信息化建设，不断改善安全条件，确保安全管理体系的有效运行。

5　通用安全要求

5.1　依法依规管理

5.1.1　游乐园应明确法律、法规、标准管理责任部门或人员，确定收集渠道与方式，及时识别和获取适用的法律、法规、标准，编制本单位依法依规文件清单并持续更新。

5.1.2　游乐园依法依规管理包括但不限于下列方面：

a)　建设及运营涉及的各类许可(包括单位资质、人员资格、特定活动许可等)，见附录A；

b)　设置安全管理机构，组建相关安全管理团队；

c)　配备各类资格人员；

d)　按规定上报或备案；

e) 按规定接受或开展相关审查审批；

f) 按规定接受或开展相关检验检测、安全评估或鉴定；

g) 按规定配合监督检查；

h) 满足安全管理行为要求。

注：如安全事故上报、召开特种设备与消防安全例会、应急预案备案、定期开展应急演练、配合特种设备安全监督检查等。

5.1.3 游乐园应将依法依规文件清单的要求融入安全管理体系，传达培训并落实到位。

5.1.4 法定从业人员应参加政府相关部门或其授权机构开展的安全教育培训，取得有效资格证书并持续保持在有效期内。

注：法定从业人员是按照《中华人民共和国安全生产法》《中华人民共和国特种设备安全法》《中华人民共和国消防法》《中华人民共和国食品安全法》等法律及相关法规规定，接受政府相关部门、社会机构或本单位培训并考试合格的安全管理人员与作业人员。

5.1.5 游乐园场地不应租借给不具备安全运营条件、不具备相应资质的单位或个人。对外提供场地经营游乐项目或大型活动时，应与承包或承租单位签订专门的安全管理协议或在承包或承租合同中对各自的安全管理职责进行约定，明确各自在安全管理中的权利、义务等。承包或承租城市公园或其他公共场地经营游乐项目的法人单位或个体工商户，应主动开展安全工作，接受场地提供单位的安全监督管理。

5.2 安全风险识别管控

5.2.1 游乐园应将识别评估安全风险、确定根源危险源与事故隐患，有效实施安全风险管控作为游乐园安全管理的重中之重。

5.2.2 游乐园应建立健全安全风险识别管控制度，明确和细化工作事项、内容和频次，并将责任逐一分解落实，全员、全时段、自主、有重点地识别排查，实现常态化、制度化、精准化管理，并满足下列要求：

a) 管理机构和人员职责清楚，制度明确；

b) 安全风险识别评估内容方法清楚；

c) 安全风险底数和分布情况清楚(尤其是重大安全风险)；

d) 安全风险管控措施与销项处理情况清楚；

e) 事故隐患治理措施与进度清楚。

注：本文件中重大安全风险指 GB/T 42103 的 1 级安全风险与 2 级安全风险。

5.2.3 安全风险识别管控应覆盖游乐园全地域、全时段、全范围、全过程、全部管理对象，以及正常、异常和紧急情况(如自然灾害)，不应存在盲区和死角。

5.2.4 重要设备设施设计应审慎保守，结合安全风险识别、分析与评估结果，充分考虑各种不利因素，留有足够的安全裕量或设置冗余保护，避免出现不可检测、不可维护的单点失效。

注：单点失效指当某节点(或零部件)出现故障时，会造成整体失效。

5.2.5 开展安全风险识别时，应对环境场地、建(构)筑物、设备设施及工器具，以及活动人群、运转设备与环境和建(构)筑物之间的相互影响作用等，持续进行安全风险识别，尤其应重视火灾、危险物品泄漏、爆炸、高空坠物、倒塌、坍塌等可能造成群死群伤的重大安全风险的定性识别。

5.2.6 应对重大安全风险制定有针对性的安全管理、防护、操作、日常检查巡查、维护保养、定期检验检测、应急等体系文件。利用技防、物防、人防等措施，建立重大安全风险监控系统或安全监控措施。结合管理要求及运营需求，在前、后场设置清晰的安全标志与风险告知。

5.2.7 当场地环境、建(构)筑物、设备设施、业务活动或作业工艺工序发生重大变更，或现行法规、标准变更时，应对现有安全风险重新开展识别评估，进而调整安全管理体系程序文件、作业指导文件(操作规程、自检维护规程)和应急预案等。

5.2.8 安全风险识别、评估与管控应与安全检查、检验检测发现问题、典型事故案例排查整改相结合，与本单位多年固有的易发、多发安全问题的环节与部门、班组结合，对事故隐患类型的安全风险建立双重预防机制。

5.2.9 应建立重大安全风险清单台账，编制电子分布图(标注位置分布、风险类别、风险特征、管理责任人与电话、应急预案与措施等基础信息)，实施分级分类管理、动态管理、精准化监控与治理。

5.2.10 安全风险识别、评估与管控应符合 GB/T 42103 及相关文件的规定。

5.3 应急管理

5.3.1 游乐园应根据本单位运营特点，结合安全管理体系建设，开展应急管理基础、保障能力与实战能力建设。应急管理应符合 GB/T 42100 及相关标准的规定。

5.3.2 游乐园主要负责人是应急管理的主要负责人，应急管理团队与内外应急救援队伍应形成应急职责清晰、分工明确、覆盖完整的应急组织网络。

5.3.3 应急预案应构成完整的体系。游乐园涉及安全的各项业务活动、管理重点及存在的安全风险(尤其是重大安全风险)，均应在适宜的现场应急处置方案、专项应急预案或综合性应急预案覆盖之下。

5.3.4 大型载人设备、人员密集场地场馆应急疏散应作为应急管理的重点之一，针对可能发生的各类拥挤踩踏事故，编制有明确针对性、切实可行的应急疏散预案。

注：人员密集场地场馆指游乐园内同一时间聚集人数较多的场地和建(构)筑物，如室内游乐场馆、观演观览场馆、大型游乐设施与客运索道室内排队等候区等。

5.3.5 应根据应急预案和实际应急工作需要，配备满足要求的应急设备设施与物资，进行经常性检查与维护保养，确保其处于良好状态。

5.3.6 游乐园应根据具体应急情况，充分利用社会专业化的救援力量(政府应急部门或其他专业技术机构)作为应急救援体系的补充或支撑，建立和完善应急救援联动机制，并开展联合应急演练。

5.3.7 在园区安全管理重点及其邻近区域，以及可能发生自然灾害、突发事件的区域，设置应急设备设施，并在显著位置张贴报警电话及其他联系方式。

5.3.8 应定期组织应急演练。应急演练应从实战角度出发，组织相关员工与自救队伍、专业队伍、外协团队参与，达到检验应急预案、锻炼应急队伍、提高应急技能、普及应急知识、有效实施救援的目的。应急演练应保留演练记录。

5.3.9 对于存在安全风险的设备设施、场地场馆等，应编制现场处置方案，并结合现场处置方案，编制针对不同场所、岗位特点的简明、实用、有效应急处置卡，尤其是对游乐设施、客运索道等载人设备及重大安全风险。

5.3.10 发生安全事故时，应立即启动应急预案，按规定职责权限及时有效开展应急处置或救援。

5.4 安全事故管理

5.4.1 游乐园安全事故管理应重心下降、关口前移，通过事前预防、事中应急、事后调查处理与全面排查整改等方式，防范安全事故，防止已发生事故扩大。

5.4.2 游乐园安全事故调查、处理与整改应做到原因未查清不放过、责任人员未处理不放过、整改措施未落实不放过、全体员工未受到教育不放过。

5.4.3 安全事故管理职责应在相关安全管理文件中予以明确规定。

5.4.4 对于法律规定由政府管辖的事故，应及时向相关部门报告并积极配合调查。对于政府管辖事故以外的本单位管辖事故，应建立健全事故分类分级、上报、应急、认定、调查、复核、处理、排查、事故隐患整改、事故台账及统计分析的管理机制。应通过对具有典型性和重复发生的人员伤害事故分类、调查分析、有针对性排查等，从中找出问题原因与发生发展规律，进而采取落实安全责任、健全制度文件、强化实施效果、完善硬件条件等防范和改进措施，以减少事故发生，减轻事故后果。

5.4.5 对于本单位管辖事故，宜参照《人体损伤致残程度分级》和 GB 6441、GB 6721 进行事故界定与分级。

5.4.6 发生安全事故后，应妥善保护好事故现场及有关证据，对现场进行警戒。因抢救人员、防止事故扩大以及疏通交通等原因，需要移动事故现场物件的，应做出标志，通过绘制现场简图、拍照、录制音视频、书面记录等方式妥善保存现场重要痕迹、物证。

5.4.7 应对事故预警、响应的及时性、应急处置或救援的有效性、事故上报及时性、调查处理准确性、统计分析、整改、资料归档等方面强化监督检查和总结评估，及时改进事故管理工作。

5.4.8 游乐园应及时收集、研究行业内外发生的可借鉴的事故案例，有针对性地开展排查与整改。

5.5 安全检查

5.5.1 游乐园应逐级压实业务系统的安全主体责任和安全管理机构（或人员）的安全监管责任，建立健全业务系统自查自纠与安全管理机构监督检查相结合的工作机制，实现系统化、常态化、规范化与重点化的安全检查。

5.5.2 安全检查包括安全检查巡查、专项安全检查、综合性安全检查，以及特定情况与时段的临时性安全检查等。应根据生产运营情况，适时开展相应种类的安全检查。

5.5.3 应在相关安全管理体系文件中，对各级各类安全检查的范围、对象与重点、内容、标准、周期、流程、人员、发现问题后的整改与封闭情况等作出明确规定。

5.5.4 安全检查内容包括但不限于下列方面：

a) 对符合法律法规情况进行检查，检查时应注重相关合法合规证明文件是否符合要求，政府监管设备设施、法定从业人员是否满足行政许可及资格要求；
b) 建（构）筑物、设备设施是否按规定开展日常检查、维护保养与定期检验检测，并抽查实际工作质量；
c) 人员持证上岗、重要作业过程安全管控情况；
d) 安全基础工作建设情况，侧重于安全管理体系文件健全落实及安全硬件条件投入；
e) 各级组织（部门、班组）掌握安全风险底数、管控措施落实以及事故隐患排查治理等情况；
f) 基层班组安全能力建设与安全管控情况，以及重要从业人员正确作业能力、识别管控风险能力、发现处理异常能力、现场应急处置能力等方面内容；
g) 各级组织及其负责人是否依据安全管理体系安全检查文件开展安全管理活动、制度化的现场安全检查巡查情况，以及对安全检查发现的典型问题或重复发生问题开展排查整改等情况；
h) 安全设施、安全装置与安全标志的设置与完好情况，重要作业安全工器具/个人防护用品、手工/电动工具、测试设备、爬梯、平台、脚手架等是否在使用前进行例行检查；
i) 各级组织应急准备（应急队伍配置、应急预案覆盖完整性及应急演练按计划实施）、应急管理等情况；
j) 各专项安全负责人（见表 A.1 中序号 15）、安全管理机构实施的监督检查工作是否按工作计划或安全管理体系文件规定执行情况，以及工作质量。

5.5.5 对检查发现的问题，应深入查清原因，制定整改计划或方案，有效实施整改，实现最终封闭。对于普遍性、典型性的问题应举一反三、全面系统、追根溯源地进行排查整改。

5.5.6 宜利用信息化手段，及时汇总分析各级各类安全检查问题，找出安全风险与事故隐患的动态分布特征及趋势，有针对性地提前采取纠正与防范措施。

5.5.7 游乐园综合性安全检查与专项安全检查工作应符合 GB/T 42102 及相关标准的规定。

6 专项安全要求

6.1 运营安全

6.1.1 游乐园运营安全管理包括但不限于下列方面：

a) 开园前安全检查；
b) 运营人员条件能力与作业要求(尤其是载人设备作业与服务人员)；
c) 园区重点运营活动与重点项目管控；
d) 运营过程中安全管控与安全检查巡查；
e) 园区游客活动路线划定与调整；
f) 园区与场馆人员日最大承载量与瞬时最大承载量核定；
g) 拥堵点识别、管控与人流引导；
h) 演出活动安全管控(尤其是人员密集场地场馆)；
i) 游客安全告知与游客行为(尤其是乘坐设备、自操作、互动行为、涉水、商业潜水与潜水表演等)管理；
j) 突发情况应急准备、演练、应急响应及处置；
k) 园区广播、安全标志、应急疏散设施管理；
l) 运营值班、值班人员授权与重要时期领导现场带班管理；
m) 临时性开闭园管理；
n) 运营安全风险识别与管控；
o) 新运营项目与活动方案审查审批；

注：新运营项目包括但不限于新增常规运营项目、季节性或特殊运营项目(如涉火、涉水项目、鬼屋与密室逃脱等)及非常规运营活动(大型活动、短时性或一次性运营活动)。日最大承载量指在正常天气与运营情况且保证安全的前提下，游乐园日开放时间内能够容纳的最大游客数量。瞬时最大承载量指在保证安全的前提下，游乐园某一时间点能够容纳的最大游客数量。

p) 运营压力测试；
q) 运营总结与改进；
r) 运营应急管理；
s) 运营硬件条件适宜性与安全性评审评价。

6.1.2 园区日最大承载量、瞬时最大承载量、人员密集场地场馆允许容纳人数应予明确规定，界定拥挤、拥堵点，并在运营活动中通过票务预订系统或其他数据信息等大数据收集分析手段，实施前期管控、过程中客流监测与疏导。

6.1.3 应在售票平台、园区、场地场馆、排队区等位置，通过游客指南手册、游客须知告示牌，以及广播、视频、警示标志等形式，告知游玩禁忌与安全注意事项。对风险等级高的大型游乐设施或游玩项目，服务人员还应在项目开始前，提醒游客确认其是否达到乘坐条件并充分了解安全注意事项。

6.1.4 应结合游乐园运营特点，任命或指定各级安全值班人员，明确安全值班人员任职要求、值班职责与权限、值班时段、值班交接，以及发现问题或发生安全事故的处理程序等。对于国家法定节假日、大型活动或特色运营活动，还应明确游乐园相关负责人担任主值人员，明确 A、B 角。安全值班人员应熟悉其职责，并经考核胜任所承担的安全值班工作。

6.1.5 游乐园应对运营活动所涉及的重要设备设施、建(构)筑物、场地环境等，设置监控、安全标志、疏导指引和安全防护等相关措施(或设施)，开展针对性检查巡查，并制定与之对应的客流疏导与应急预案。

6.1.6 对于高峰客流时段(尤其是封闭式夜间活动)和区域瞬间最大客流安全管控与疏散,应做好下列工作:

a) 对于高峰客流时段游客较长时间停留并活动的场地,合理分片、划定人员活动网格、规定网格内最多人数;
b) 充分考虑游客进出场瞬间客流叠加所产生的风险,均匀分布演出活动、热点设施、临时演艺、明星表演、花车巡游等热点,避免多个热点布置在同一区域;
c) 保持高峰客流时段客流等量、等速、单向流动,避免人流对冲;
d) 根据客流情况调整游客活动路线,采取控制关口、排队区、缓冲区,临时改变道路或关闭可能产生拥堵踩踏事故的桥梁、狭窄路段、热点场馆与设施、台阶通道、售货亭与餐饮点等措施;
e) 进行高峰客流时段动态客流密度监测、预警,对于超过最大客流量的景点、场馆、设备设施采取管控措施,进行现场人员限流、分流与截流;
f) 密切关注游客行为,防范出现盲目聚集、滞留、逆行对冲等现象,有效开展现场秩序维护和游客疏导,及时通报游客聚集、滞留情况;
g) 在高峰客流区域设置视频监控设备,设置安全防护装置,设置立体化、多媒体(语音、视频、动画)与全天候的客流引导、提示、安全警示与疏散标志;
h) 现场人员保障要求,现场秩序维护及管理措施;
i) 按照 LB/T 068 制定并定期演练红色、橙色和黄色级别高峰客流时段的应急疏散预案。

6.1.7 季节性开放或因不可抗力因素临时开闭园的游乐园,应制定开闭园管理要求,管理内容包括但不限于开闭园安全检查事项及要求、人员培训要求、闭园期间园区管理要求、闭园后开园许可等。

6.1.8 举办大型活动应满足下列要求:

a) 达到规定人数的,按规定进行申报,获得相关部门批准;
b) 按 GB/T 33170.1 开展大型活动安全风险评估,根据评估结果制定活动方案;
c) 大型活动各类应急预案和现场处置方案符合 GB/T 33170.1 的规定,并进行应急演练;不具备应急救援能力的,与具备应急救援能力的单位签订应急救援协作协议;
d) 大型活动如由其他单位承办,作为场地提供方的游乐园与活动承办单位签订安全协议,明确安全管理边界,确定安全管理主责方与双方安全管理负责人,监督大型活动承办单位落实其安全责任,完善安全措施,切实承担起场地提供单位的安全责任;
e) 对于需经相关单位或部门批准使用的设备设施,履行相关手续,并在安装结束后经检查验收合格;
f) 大型活动中使用彩色粉末的,符合 GA/T 1291 的相关规定;
g) 高峰客流管控与应急的相关要求。

注:预计人数低于 1 000 人时,不需进行申报,但要遵照执行其安全规定。

6.1.9 对于下列情况,应对运营活动场地环境、建(构)筑物[包括临时建(构)筑物]、设备设施等开展全面检查及相关安全技术检验检测,对作业人员进行针对性的安全技能培训,确认满足安全运营条件后方可重新复业运营:

a) 发生游客死亡责任事故;
b) 季节性停运;
c) 受自然灾害影响,并造成损失或事故隐患;
d) 淡季停运或在特定时间开放的项目(如鬼屋);
e) 其他原因造成游乐园整体或部分项目停止运行半年以上的;
f) 游乐园整体或部分项目出售、出租,变更安全管控模式、管理团队重组的。

6.1.10 设置动物观赏与科普项目的游乐园,还应满足 CJJ/T 263 的相关规定。

6.2 设备设施安全

6.2.1 游乐园应对特种设备及功能类似的设备、消防、电气与燃气等各种重要设备设施(见附录B),尤其是直接涉及人身安全的载人设备,依据现行相关法规、标准及本文件的规定,从下列方面进行有效安全管理:

a) 设备台账与明细;
b) 设备安装、修理、改造安全质量管控(含验收检验或竣工验收);
c) 设备设施的合法性(设计鉴定/审查、型式试验、验收检验、定期检验、注册登记);
d) 安全设施与安全装置管理;
e) 安全标志管理;
f) 使用与操作;
g) 相关从业人员管理(资格能力、数量配置、培训等);
h) 重要作业安全管理;
i) 日常检查与维修;
j) 定期检验检测;
k) 备品备件管理;
l) 故障管理;
m) 延寿、停用与报废管理;
n) 设备数据化管理;
o) 设备风险识别与管控;
p) 设备应急管理;
q) 设备安全检查巡查;
r) 自然灾害防范应对;
s) 安全档案。

6.2.2 现行相关法规、标准规定实行设计许可、设计文件审查、鉴定或备案、制造许可、产品型式试验或认证、制造与安装监督检验、注册登记或备案、定期检验检测的重要设备,均应在各阶段符合法规、标准规定,在相关政府部门或技术机构出具的许可证书或技术报告的覆盖之下。

6.2.3 特种设备的设计文件、出厂文件应满足特种设备相关标准和安全技术规范的规定。其他重要设备的设计文件和出厂文件应符合相关产品标准、安全标准,以及建造(非标设备)合同的规定。使用维护说明书或产品说明书应符合GB/T 9969、GB/T 19678.1的相关规定。

6.2.4 游乐园设置锅炉、压力容器、压力管道、危险介质储存使用设备、燃气设备设施、高低压供配电设备设施时,应避开运营前场游客活动场地场馆。如无法避开,应进行有效防护,并加以清晰醒目的安全标志。

6.2.5 重要设备同建(构)筑物、高大植物、公共设施之间以及各种设备之间应具有足够的安全空间与距离,或采取有效的安全保护措施,符合设备安全运行、检验检测与维护保养、救援疏散、防火防爆、防触电、防坠物倒塌、防人体挤压、防自然灾害等方面安全要求。

6.2.6 对游乐设施、客运索道等载人设备设施进行包装或造型装饰时,应满足下列要求:

a) 包装构件不破坏设备本体安全结构;
b) 不影响设备的安全运行;
c) 确保乘客活动区域地面距上方包装装饰物的净高满足一定安全高度;
d) 不遮挡设备操作视线;
e) 不妨碍应急设备的使用与人员疏散。

6.2.7 游乐设施正常、检修和发生异常时的设备运行包络线内均不应存在或出现障碍物。

6.2.8 可能发生人员、物体坠落的位置，应设置安全网。安全网连接应可靠，安全网的性能应符合GB 5725的规定。

6.2.9 游乐设施、客运索道、燃气设备设施等重要设备防雷装置应符合GB 8408、GB 12352、GB 50057、QX/T 109、QX/T 225等的相关规定。

6.2.10 不应将有行政许可要求的重要设备制造、安装、修理、改造等业务承包给不具有相应许可资质的单位或个人。对于其他重要设备，应审查施工单位的施工能力及其施工质量管理体系。

6.2.11 对于失效可以导致事故或重大故障的重要零部件，尤其是难以检测维护或不可检测维护的重要零部件，应督促核查施工单位在施工过程中加强质量控制与检验检测，确保安全质量。

6.2.12 应对重要设备实行"专人负责、专业管理"，严格按照现行相关法规、标准、设备使用维护说明书规定配备符合数量和资格能力要求的操作人员、服务人员(载人设备)、自检维护人员、运行监控人员、应急救援人员等重要从业人员，建立人员台账与档案。

6.2.13 对于大型游乐设施、客运索道等特种设备，在设备投入使用前，应对设备管理人员、操作人员、检维修人员、服务人员进行使用操作、故障排查与处理、风险识别、应急处理等方面专业培训与考试考核，使之具备相应能力。

6.2.14 应结合设备使用维护说明书、相关标准与特种设备安全技术规范、设备施工过程存在问题等，制定个性化的设备安全操作和自检维护作业指导文件，并根据设备事故、安全检查、使用过程中的故障异常，以及法规、标准新要求等进行动态更新和持续优化。

6.2.15 自检维护作业指导文件及其记录表应全面完整、准确且便于追溯，应实现定设备、定部件、定位置、定项目、定方法、定标准、定周期、定比例。

6.2.16 重要设备运营使用过程中，应严格防止设备超载、超参数运行或"带病"运行。从业人员在操作或作业过程中发现异常情况、故障、事故隐患或其他不安全因素时，应立即停止设备运行，并向设备使用管理专责人员或单位负责人报告。设备使用管理专责人员或单位负责人应采取排查措施，查清原因并予以消除，否则不应投入使用。

6.2.17 对于重要设备(尤其是载人设备)所产生的典型性故障或异常情况，应对引发故障或异常原因进行全面系统性排查分析，对同一种类设备或同台设备同一位置(同一部件)多次发生时，在查清原因后，还应对本单位同种类设备、位置、部件进行排查，查清原因后再进行修理或更换零部件，彻底消除事故隐患，不应以换件或修理代替查找原因。

6.2.18 应按照设备自检维护作业指导文件、设备年度自检维护计划，主动开展设备自检与维护工作，按期更换易耗易损件，及时补充备品备件。

6.2.19 自检结果应详细准确记录。典型缺陷除文字记载外，还应采取拍照或摄像形式留存。修理工作应留有质量证明文件且与自检发现缺陷对应封闭，证明已经通过维修予以解决。

6.2.20 在国家法定节假日或大型活动举办前以及出现可能影响安全的异常情况时，应对运营载人设备进行全面检查，查明故障和异常情况原因，及时修理问题并进行运行试验，合格后方可投入运行。

6.2.21 外委具有相应资质的相关方实施安全技术检测、维护保养和修理改造时，应对其开展的检测、维护保养或修理改造工作实施事前、事中和事后质量控制，确保设备设施经检测、维护保养或修理改造后的安全质量。

6.2.22 重要设备应按相关产品标准或设备使用维护说明书的规定进行定期检验与全面检验检测。法规规定定期检验检测的特种设备、消防设备、船舶、防雷装置等设备，应在上次检测报告到期前向相关检验检测机构提出检验申请。

6.2.23 应加强重要设备管理、自检维修、检验检测、故障与事故等信息的收集、数据处理和统计分析，最大限度避免人为差错，提高设备安全管理水平、质量和效率，保障各环节工作的及时性、全面完整性与精准性。

6.3 建(构)筑物安全

6.3.1 游乐园建(构)筑物安全管理包括但不限于下列方面:

a) 新建、改建、扩建建(构)筑物安全质量管控(含竣工验收);
b) 建(构)筑物安全使用,侧重于重要建筑物、特殊建筑物(如水族馆)、季节性运营建筑物与相关方临时建筑物(如可燃、易燃物品仓库)安全;
c) 建(构)筑物内外悬吊挂物、马道、装饰造型、幕墙、玻璃采光顶(以下简称悬吊挂物)等安全管理;
d) 建(构)筑物安全设施与安全装置管理;
e) 安全标志管理;
f) 建(构)筑物公用设备设施安全管理;
g) 日常检查维护、维修改造及修缮;
h) 定期检查检测、安全评估或鉴定;
i) 重要作业安全管理;
j) 建(构)筑物安全风险识别与管控;
k) 建筑物人员疏散与应急管理的特殊性要求;
l) 自然灾害防范应对;
m) 建(构)筑物安全检查巡查;
n) 安全档案。

6.3.2 应对永久性与临时性建(构)筑物的设置、建造、使用、维护改造、日常检查与定期检测、安全鉴定与安全评估、报废拆除等全过程实施安全质量管控,并突出重要建(构)筑物,尤其是游乐园前场人员密集场地场馆的安全质量与消防要求,以确保其在设计寿命周期内、正常使用工况下及设计允许的异常情况下,均能安全使用。

6.3.3 建(构)筑物应符合所在地区防震、防风、防雨、防汛、防雷、防沙、防海啸等防范自然灾害的要求,有效规避自然灾害影响。

6.3.4 建(构)筑物设置、建造应满足 GB 50016、GB 50352、GB 55005、GB 55006、GB 55007、GB 55008、JGJ 57、JGJ 58 等的相关要求,同时宜充分考虑不同用途、不同环境条件下建(构)筑物的个性化安全要求(如建筑形体不规范、外饰复杂或与游乐设施相结合的运营性建筑)。

6.3.5 悬吊装饰、悬吊挂物等的承力结构,应根据实际载荷、风险大小、使用期限等情况进行设计。存在结构变形时,宜设计为静不定结构。

6.3.6 人员密集场地场馆或商业综合体的选址与布局,宜充分考虑游客活动路线、游客通道的设置、排队区与缓冲区的分隔、围栏与台阶楼梯设置、附近物体坠落与倒塌可能性、极端恶劣天气影响、人员应急与疏散避险等方面,确保满足高峰客流运营安全需求。

注:商业综合体指集购物、住宿、餐饮、娱乐、展览等两种或两种以上功能于一体的单体建筑和通过地下连片车库、地下连片商业空间、下沉式广场、连廊等方式连接的多栋商业建筑组合体。建筑面积不小于 50 000 m^2 的商业综合体为"大型商业综合体"。

6.3.7 人员密集场地场馆疏散口位置、数量与疏散方向设置、疏散口与疏散通道宽度、疏散通道长度等应能确保在规定时间内将全部人员疏散至安全地带。

6.3.8 游乐设施、客运索道等项目固定排队区与站台等候区构筑物的疏散口应根据排队区最大客流量设置,排队区与站台等候区疏散口应各自不少于 2 个,且通向不同方向,避免站台等候区疏散人流与排队区人员发生人流对冲。

6.3.9 宜根据建筑物用途与功能、容纳人员数量与活动特点、已使用年限与安全现状、环境或邻近建筑物影响作用、使用与维护管理完善程度、风险大小及叠加后严重程度,发生事故救援难度与事故后果的严重性等因素，对建筑物进行分类分级管理，实施重点安全管控。

6.3.10 对于集多功能为一体的商业综合体，应满足每种用途所需要的安全要求，确保疏散出口与建筑物内外疏散通道满足馆内允许的最大客流在规定的时间内快速疏散要求。

6.3.11 对于在建筑物屋面与外墙面设置的主题化建筑装饰、造型类门窗，人员密集场地场馆上方可能危害游客安全的悬吊挂物、侧挂物、运行设备，及损坏倒塌可能影响人身安全的人造景观等，均应从设置、建造等方面采取防松动、防坠落、防倾倒伤人的"失效安全"措施，并设计成可检测、可维护的结构型式，并在使用时定期检查巡查。对于难以检测维护的，应按适合建(构)筑物使用的最恶劣环境条件进行永久寿命设计。

注：失效安全指即使某些结构(节点)或零部件(系统)出现失效，也不会对人员造成伤害(或伤害最小化)。

6.3.12 可能受海潮，江、河、水库洪水或内涝水倒灌影响的地下室不宜设置为重要运营项目机房(如水族馆维生系统机房)，否则应采取下列措施防止倒灌：

a) 抬高机房入口高度；
b) 在入口处增设足够高度的固定式挡水设施或移动式防水挡板；
c) 在建筑物内不被极端情况水淹的高度，设置独立的通风制冷备用系统及其备用电源；
d) 在机房内设置独立的排水沟和集水井，加大排水能力；
e) 其他防止倒灌措施。

6.3.13 易燃、可燃夹芯板用于建筑物时，应符合 GB 50016 的要求，且应避免用于下列情况：

a) 运营、办公、食宿等人员活动的建筑物(包括临时建筑)，或建筑物内装饰用墙板、屋面板、吊顶及隔墙；
b) 消防安全重点部位；
c) 危险物品仓库及可燃材料仓库；
d) 建筑供暖、通风、空气调节和电气等机房及重要设备机房；
e) 临近森林防火区、人员密集区域的建筑。

6.3.14 建筑幕墙的设置、设计、检查维护应符合 JGJ 102、JGJ 133、JGJ 336 等的规定。在下方有出入口、人员通道的建筑物或游客密集区域场馆的二层及以上部位设置建筑幕墙(尤其是玻璃幕墙)的，应采用具有防坠落性能的结构及玻璃连接方式，并在幕墙下方周边区域合理设置绿化带、裙房等缓冲区域或者采用挑檐、顶棚等防护设施。

6.3.15 经营性场馆的建筑装饰、玻璃采光顶、门窗等满足下列要求：

a) 墙体和建筑物顶部的雕塑造型等建筑装饰应与主体结构连接牢固、可靠耐久，符合当地防风、防沙、防震、防雨及防腐要求；
b) 自然灾害频发地区建筑物采用玻璃结构的采光顶、幕墙、外门窗等，在设计、选择建筑玻璃种类时，应充分考虑其使用环境、场所、玻璃结构的朝向(迎风或背风)、安全重要程度，以及建筑玻璃的抗风、抗冰雹、适应温差变化性能、耐软重物撞击及耐冲击性能、抗风携碎物冲击性能、防低温脆断性能等安全性能，使所采用的玻璃结构能满足当地极端天气情况；
c) 临海或潮湿地区建筑玻璃采光顶的支撑钢结构及其五金件，应采取防腐蚀措施或采用抗腐蚀材料；
d) 气象灾害频发地区的建筑物门窗结构形式、尺寸、材料强度、密封材料与密封性能，以及门窗与墙体、玻璃或其他材料与门窗框架之间的连接方式，应设计合理、牢固可靠、便于使用及维护保养，能够满足抵御本地区极端天气情况要求；
e) 对于外窗玻璃，应采取防止其坠落伤人的措施，并结合本地区极端天气情况，设计成可临时加固防护的结构型式。

6.3.16 经营动物观赏游玩项目的游乐园，其建筑项目选址、场地环境与建(构)筑物(包括动物笼舍)等应符合 CJJ 267 的规定。陆生动物笼舍、展示场馆应从建筑结构、防护设施等方面采取可靠隔离防范措施保障游客、员工与动物的安全。凶猛陆生动物场馆应设置多重防范措施避免动物逃逸伤人。

6.3.17 观赏凶猛陆生动物的玻璃应采用安全玻璃，且具有与所观赏动物类别相适应的防火、防冲击等性能。人员贴近玻璃观赏凶猛陆生动物的，应采用双向对称结构的抗冲击玻璃，存在火灾可能的场所，还应采用耐火玻璃。设置在户外且有台风地区的观赏凶猛陆生动物构筑物，还应采用防台风玻璃。

6.3.18 对于尚无建造标准的大型亚克力玻璃水体，应审慎保守进行设计，并严格管控建造安全质量。建造与使用过程中，应采取有效措施防止亚克力玻璃受热源影响降低安全性能。

6.3.19 水族馆供排水设计，应充分考虑自然灾害、亚克力玻璃水体或送排水系统泄漏对游客危害、对周围场地及建(构)筑物的影响(如沉降、塌陷)。

6.3.20 危险物品仓库、蒸汽锅炉房、中高压容器与气瓶储存使用场所、高低压供配电与备用发电机房、用气场地场馆、暖通与供排水机房等后勤建(构)筑物，应设置在远离游客活动区域的场地。对于应设置在运营前场区域的，应与游客活动区域保持安全距离，尽可能集中设置并加以可靠围护。

6.3.21 新建、改建、扩建建(构)筑物应在竣工验收时取得竣工资料。

6.3.22 建(构)筑物防雷装置设置应符合 GB 50057、QX/T 264 的要求。

6.3.23 建(构)筑物达到相关法规的评定要求和周期或超过设计使用年限拟继续使用时，应按 GB 55021 等国家或行业标准开展可靠性鉴定或安全评价。

6.4 场地环境安全

6.4.1 游乐园场地环境安全管理包括但不限于下列方面：

a) 游乐园和游乐项目选址；
b) 建(构)筑物设置管理；
c) 游客活动场地与道路安全管理；
d) 悬吊挂物安全管理；
e) 树木与绿植安全管理；
f) 场地安全设施与安全装置管理；
g) 安全标志管理；
h) 重要作业安全管理；
i) 安全风险识别与管控；
j) 游客应急疏散与避难场所管理；
k) 自然灾害防范应对；
l) 安全检查巡查与巡更；
m) 安全档案。

6.4.2 游乐园和游乐项目选址应充分考虑地形地貌种类、地质情况、水文情况、气候特点以及地下水位升降对基础沉降影响等因素，避开蓄滞洪区域、易发生风暴潮或海啸威胁区域、地震断裂带以及地震时发生山崩和地陷地段、熔岩发育不良地质地区、矿山采空带，远离滑坡、泥石流、洪水、沙尘暴、龙卷风及其他地质灾害易发生区域。

6.4.3 游乐园安全设计应符合 GB 51192 的规定，设置动物观赏场所的还应符合 CJJ 267 的规定。对于运营活动可能引发火灾的游乐项目，不宜设置在森林防火重点控制区域。

6.4.4 游客活动区域应避开下列情况，不能有效避开的，应保持足够的安全距离或采取可靠的物理隔离防护，并从设计、建设、使用与检查检测等方面采取有效的措施防范事故发生：

a) 存在可能造成游客人身伤害的险要地段、边坡、危岩险石、地陷或泥石流、自然水系等区域及地势低洼处；
b) 存在高空坠物、倒塌、坍塌等可能的区域(如高空运行的客运索道或其他设备设施、广告牌、悬吊挂物下方)；

c) 埋地或空中架设的燃气管线、高低压电线电缆，以及燃气和高低压输配电设备；

d) 危险物品储存、使用场所，尤其是存在泄漏、爆炸可能的；

e) 存在火灾可能或事故隐患的；

f) 蒸汽锅炉、易燃易爆或有毒有害介质压力容器或燃气水电等设备设施；

g) 生产运营活动产生的风险(如地下管线供排水泄漏造成的地面塌陷)区域；

h) 高大树木存在倒塌折断可能的区域，植物果实坠落或人员可触碰到的有毒、尖刺植物之处；

i) 排队区避开交通道路、应急疏散通道与安全出口；

j) 其他可能造成人身伤害的重大安全风险处。

6.4.5 游客活动场地的设备设施，应能保障儿童、老年人和行动不便人士安全。

6.4.6 游客活动场地应具有完善的应急避险功能，预留应急疏散通道，满足最大客流量应急疏散要求。场地紧急疏散通道应平直或缓坡、等宽、无障碍。

6.4.7 应合理设置游客活动路线、预留缓冲区，避免高峰客流时形成人流对冲。游玩观光道路应符合 GB 51192 的相关规定，游客主通道或易产生拥堵之处应无瓶颈、无引发滑倒或绊摔的地面障碍(凸起、塌陷、单级台阶等)。现行相关法规、标准要求设置无障碍通道的，符合其规定。

6.4.8 宜通过缓坡等方式减少台阶设置。台阶、扶手、平台按照 GB 51192、GB 50352 等进行规范设计。设有台阶的区域，在应急疏散时应采取人员监护、广播提醒等措施。

6.4.9 园区各类窨井的设置宜避开游客密集区域。如不能避开，井盖应与场地平面或路面标高基本一致或高差宜不超过±5 mm，间隙宜不超过 5 mm；井盖不能与场地或路面平齐时，应圆滑过渡，避免锐利边缘。人员活动区域各类窨井盖应设置闭锁装置，排水系统检查井应安装防坠落装置。对于在低洼易积水处或雨水倒灌区域的排水井，井盖结构应具有防反涌功能。各类井盖系统应定期检查维护。

6.4.10 游客活动场地的户外广告牌、高杆照明灯、道旗、标志标识、露天舞台及其背景钢结构、临时搭建结构等应牢固可靠，避免倒塌、松脱坠落伤人。为防止人体碰撞或保证车辆通行安全，凸出的悬吊挂物底端距地面应保持一定的安全高度。

6.4.11 游客活动区域不应栽种有毒有害植物或果实坠落可能伤人的树木。

6.4.12 游客密集场地、游道、观景平台、空旷高耸区域的防雷装置设置应符合 QX/T 264 的要求，并在上述区域设置醒目的防雷安全警示牌，定期开展检查、检测与维护保养。由于条件限制未设置防雷装置或设置不满足要求的，应采取管控措施，防止雷电发生时人员在该类区域聚集。

6.4.13 应识别安全风险并有效管控园区与园区邻近区域场地环境安全风险、制定应急预案、设置相应标志与风险告知牌，确保游客与员工生命财产安全。对风险区域的风险变化与安全防护设施(措施)，应定期进行安全评估，根据评估结果排除风险，或减低风险并改进安全防护措施。

6.4.14 游乐园应定期做好蛇虫鼠蚁的消杀。

6.5 消防安全

6.5.1 游乐园消防安全管理应包括但不限于下列方面：

a) 消防队伍建设与消防人员管理；

b) 消防监控管理；

c) 消防设备设施安全使用、操作及日常检查维护保养管理；

d) 消防设备设施定期测试管理；

e) 人员密集场地场馆消防管理；

f) 森林防火管理(存在林地或森林的)；

g) 用火、用电、用气、用油审批及作业安全管理；

h) 消防安全教育培训；

i) 消防安全标志管理；

j) 火灾风险识别与管控(含消防安全重点部位);

k) 防火检查巡查与巡更管理;

l) 消防应急管理;

m) 消防安全例会;

n) 消防安全宣传;

o) 安全档案。

6.5.2 消防安全管理应依据现行相关法规、标准的规定,配置满足设计要求的消防给水、消防设施及灭火和逃生器材,确定消防安全责任人和消防安全管理人,设置消防通道并保持畅通。结合本单位自身实际情况,组建志愿消防队,确保消防设备设施完好有效。

6.5.3 应有效识别消防风险,确定消防安全重点部位,落实消防安全责任,有针对性地采取火灾防范、扑救、人员紧急疏散等措施。属于消防安全重点单位、火灾高危单位、森林防火重点单位的游乐园,还应满足现行法规、标准对这些单位的特殊安全管理要求。

6.5.4 室内游玩项目应根据所在建筑物的高度、规模、耐火等级等因素合理设置,并应满足在火灾情况下人员安全疏散的要求。

6.5.5 人员密集场地场馆应确定为消防安全重点部位,按照 GB/T 40248 的规定,加强消防设施与安全疏散设施、防火检查巡查与巡更、用火、用电、用气等方面的管控措施。

6.5.6 应在人员密集场地场馆、消防安全重点部位等场所设置禁烟标识。园区设置的吸烟点应有指引标识;远离燃气设备设施、可燃物、易燃易爆物、林地植被等,并避开人员密集场地。

6.5.7 消防安全重点部位、安全疏散通道和出入口等应按规定设置警示标志及安全疏散指示标志。安全指示标志应符合 GB 13495.1、GB 15630 及 LY/T 2662 的规定。

6.5.8 应依据 GB/T 38315 制定单位级总预案、部门分预案、消防安全重点部位专项预案三类灭火和应急疏散预案。人员密集场地场馆的消防应急应能确保通过场内外有效的应急指挥、在最短的时间内通过最优的疏散路径,及时将场馆内人员全部疏散至室外安全区域,避免发生群死群伤事故。

6.5.9 应组织消防管理人员与相关从业人员开展消防业务学习、灭火技能训练和应急演练,提高检查消除火灾隐患、扑救初期火灾和开展消防宣传教育培训的能力,重点应具备及时疏散建筑物内人员的能力。

6.5.10 应将人员密集、火灾危险性较大和重点部位作为消防演练的重点。消防安全重点部位应至少每半年组织一次消防演练,其他场所应至少每年组织一次。

6.5.11 位于或临近林区、城市林地的游乐园,应建立防范森林火灾及衍生灾害应急管理机制并采取下列防范措施。

a) 管控游客使用明火或携带火种。

b) 进入森林防火区的各种机动车辆配备灭火器材。

c) 林地游步道两侧、建筑物顶部、游乐项目之间,以及已识别的林火高风险区域,宜结合游览景观、降温和防火要求,设置喷灌系统、高压雾化带,或在多日干旱实施人工浇灌,形成防火隔离区域,或专门设置防火隔离带。

d) 定期组织清山,对森林与植被形成的枯枝落叶进行清理。

e) 林地内餐厅和后勤餐饮宜采用电为能源,避免使用燃气、木炭等产生明火的能源或介质。

f) 不应在林地或邻近区域设置易燃易爆或可燃物库房或暂存点。

g) 林火高风险地区电气布线应采用埋地方式,不应直接敷设在易形成落叶堆积层的地面。林地其他区域架空或明敷线缆选用不燃、难燃或阻燃电缆。

h) 园区内的各种电气设备线路应保持完好状态,经常检查并检修,避免出现电气设备或线路老化破损短路引发林火。

i) 在林区高点、迎风坡面半山等雷击高风险位置,设接闪器,防止雷击起火。

j) 位于森林内的游客区、游步道，每个疏散区段至少应有通往不同方向的2条疏散道路，并符合疏散安全要求。

k) 建立森林防火巡护制度，定期、定线路对森林进行防火巡查。当森林火险气象预警为橙色或红色时，每天巡山或采用无人机搭载红外等适用的传感器，定时巡逻。

l) 重点防火区域宜设置森林防火红外热成像视频监控系统。在特别防火期、高峰客流时段，设专人定点实时监护。

6.6 电气安全

6.6.1 游乐园电气安全管理应包括但不限于下列方面：

a) 供配电设备设施安全管理；
b) 用电设备设施安全管理；
c) 电力设备建(构)筑物(变压器室、配电室、发电机房等)安全管理；
d) 临时用电安全管理；
e) 电气安全设施与安全装置管理；
f) 电气设备设施日常检查维护与定期检验检测管理；
g) 电气作业安全管理；
h) 涉电从业人员管理；
i) 电气安全标志管理；
j) 电气安全风险识别与管控；
k) 电气应急管理；
l) 电气安全检查巡查管理；
m) 安全档案。

6.6.2 应将电气火灾防范与人员电击防护作为游乐园电气安全管理重点。对于一旦产生电气火灾或人员触电事故，可能造成群死群伤的人员密集场地场馆、易燃易爆危险品仓库、载人设备、室内充电区域、涉水场所、林地内游乐观赏项目等，强化电气设备设施安装与电气线路敷设的设计审查、检查验收和使用过程安全管控。

6.6.3 电气设备设施安装及线路敷设、电气安全防护与接地、照明等应符合GB/T 16895.26、GB 19517、GB 51192、GB 55024的规定；对于经营动物项目的，还应符合CJJ 267的规定；对于涉水场所，还应符合GB/T 16895.13、GB/T 16895.19的规定。

6.6.4 各类电气设备设施、电气元件、电工安全用具等，应选用安全认证目录内的合格产品或经法定检验机构检验合格的产品。

6.6.5 新建、改建、扩建的输配电线路和电气设备设施，应按现行有关电气施工验收规范验收合格。

6.6.6 临时用电的线路敷设、配电箱及开关应符合JGJ 46的规定。

6.6.7 户外配电箱应选用防雨型、加锁，并应设在非游览地带。儿童专用活动场地确需设置插座时，应采用安全型插座并且安装高度应符合儿童活动场地相关标准的要求。

6.6.8 游乐园前场运营区域或游客易触及的用电设备设施(包括灯箱、用电标志标识牌等)和水公园、水族馆等的涉水电气设备设施，应采取相应的电击防护措施。

6.6.9 马道、钢构舞台、钢构平台、金属棚架、金属框架笼舍等易导电场所的电气安全应重点防范人员电击，所有非安全电压的电气线路应进行套管防护或敷设在线槽中。

6.6.10 穿越易燃、可燃夹芯板的电气线路，应加阻燃套管有效防护，避免电线绝缘层破损产生电气火花引发火灾。

6.6.11 坐落在林地或植被茂密的游乐园或动物园，电气线路应埋地敷设或加阻燃套管有效防护，防止因林地内用电设备接触不良、线路超负荷、漏电等导致森林火灾发生。

6.6.12 应做好电气风险管控，开展电气风险识别与事故隐患排查，及时消除电气事故隐患，落实电气安全事故应急措施。

6.6.13 自然灾害前后，应全面检查电气设备设施，重点检查游乐设施、供配电设施和游客活动区域用电设备的保护装置、防雷装置、接地装置，确保其防水、防雷、防触电性能。

6.7 燃气安全

6.7.1 使用燃气的游乐园，燃气安全管理应包括但不限于下列方面：

a) 燃气设备设施安全管理；
b) 燃气瓶仓库安全管理；
c) 用气安全管理；
d) 燃气安全设施与安全装置管理；
e) 燃气安全标志管理；
f) 燃气设备设施日常检查维护管理；
g) 燃气设备定期检验检测管理；
h) 燃气从业人员管理；
i) 燃气作业安全管理；
j) 燃气安全风险识别与管控；
k) 燃气应急管理；
l) 燃气安全检查巡查管理；
m) 安全档案。

6.7.2 应将用气场地场馆、燃气设备设施、燃气安全防护装置(燃气浓度检测报警器、管路紧急切断阀、锅炉燃烧器速断阀、机械排风装置等)设置、检查与检测校验、用气工艺与作业、涉燃气管道动土动火作业、燃气泄漏可能形成的爆炸空间、燃气安全风险管控、燃气泄漏现场处置与应急救援等方面确定为燃气安全管理重点。

6.7.3 使用燃气的游乐园，应编制燃气储存设备、管道、阀门井/箱、调压计量装置、燃气安全防护装置、用气设备、燃气安全风险等台账，强化燃气相关从业人员安全培训与能力建设，落实燃气使用与管理人员安全责任，实施燃气安全精准化管理。

6.7.4 应做好燃气风险管控，开展风险识别[尤其注重建(构)筑物燃气泄漏可能形成的室内爆炸空间]与燃气事故隐患检查排查，及时消除燃气事故隐患，有效管控燃气安全风险，落实燃气安全事故应急各项措施。

6.7.5 橙色及以上气象灾害预警信号生效后，应立即开展或督促燃气公司对所涉及区域的地下及地上燃气管道、设备设施进行检查巡查、泄漏检测，重点关注建(构)筑物倒塌、坠物、地基沉降、滑坡等区域，并根据检查巡查与检测结果采取有针对性的安全管控措施。

6.8 危险物品安全

6.8.1 游乐园危险物品安全管理应包括但不限于下列方面：

a) 危险物品储存和使用场所设置审批；
b) 危险物品采购使用审批；
c) 危险物品运输管理；
d) 危险物品仓储与库房管理；
e) 危险物品设备设施安全管理；
f) 危险物品安全设施与安全装置管理；
g) 危险物品安全标志管理；

h) 危险物品作业及从业人员；

i) 危险物品废弃物管理；

j) 危险物品安全风险识别与管控；

k) 应急管理；

l) 危险物品安全检查巡查管理；

m) 安全档案。

6.8.2 应做好危险物品安全风险管控，建立危险物品台账，开展安全风险识别与事故隐患检查排查，及时消除危险物品事故隐患，有效管控危险物品，落实危险物品安全事故应急各项措施。

6.8.3 危险物品入库时，仓库管理人员应依据现行相关标准、采购合同与台账内容，对产品标志、名称、性质、外观、数量、质量、包装等进行检查。烟花爆竹入库还应按照 GB 10631 的要求，增加对产品的部件、药量、燃放性能等检查，检查合格后方可入库，并填写出入库登记表，保留验收记录。

6.8.4 应针对危险物品特性并结合实际安全需要，编制安全操作规程并严格执行。危险化学品作业人员应熟练掌握化学品安全技术说明书(MSDS)中的相关内容。

6.8.5 危险物品运输、装卸货以及存储作业不应对游乐园正常运营产生干扰。在园区内运输危险物品应严格遵守规定的运输时间和运输路线，运输时间和运输路线与游客活动不应交叉。

6.8.6 危险物品仓库应依据库房大小与储量、储存物品危险性，设置满足要求的监控监测设备及消防设施。

6.8.7 危险物品运输人员、装卸搬运人员、仓库管理责任人、保管员、应急处置与救援人员、作业人员等重要从业人员，应进行三级安全教育，经危险物品安全知识培训、考核合格后方可上岗工作。

6.8.8 易燃易爆、易挥发危险物品以及容易相互发生化学反应或者灭火方法不同的危险物品，应分间、分库储存，并在醒目处标明储存物品的名称、性质和灭火方法，禁忌物料不应混存。

6.8.9 应按照 GB 15603 的规定，执行危险物品专人保管制度。对于剧毒危险物品，应执行双人验收、双人保管、双人发货出库、双把锁、双本账制度。

6.8.10 需要设置中间仓库或临时储存点的危险物品，其中间仓库和临时储存点的设置地点应避开人员活动区域。临时存放使用的易燃易爆和急性毒性危险物品，应放置在独立隔间、远离高温设备的专用安全储柜内，易燃易爆危险物品专用安全储柜应做可靠静电接地。

6.8.11 危险物品仓库储存量不宜超过设计最大储存量。现场储存点的储存量原则上为一次使用量，最多不应超过一昼夜使用量。

6.8.12 人员密集场地场馆运营期间不应带入、存放或使用非运营需要的易燃易爆、有毒化学物品。运营使用上述物品时，应明确管理责任部门，由专人负责管理使用。

6.8.13 应在园区入口(含大型活动入口)设置安全检查通道，配备必要的安全检查设备，进行安全检查，防止非生产运营用途的危险物品进入园区。

6.8.14 游乐园内设置汽油库、柴油库、汽车加油/加气站的，应对防爆、防静电、防雷、消防等方面实施严格安全管理。

6.8.15 烟花爆竹燃放场地应符合 GB 24284 的有关规定，烟花爆竹燃放应按照燃放说明燃放，不应在燃气设备设施邻近区域燃放，烟花燃放着落点不应朝向游客密集区域或可能引发火灾区域。

6.8.16 承担大型焰火燃放作业的相关方单位应具有相应的大型焰火燃放资质。燃放作业单位的现场负责人、安全管理人员、技术人员，以及承担燃放作业的有药安装、装填、点火、检测等作业人员应具有相应有效作业证。大型焰火燃放作业应按经安全评估与批准的燃放作业方案燃放。

6.8.17 应按规定处置、利用危险物品废弃物，对废弃物的存量、流向和处理情况进行记录，不应随意抛弃、排放废弃物。

6.9 安全设施与安全装置

6.9.1 游乐园场地场馆、设备设施、运营活动、施工活动或作业等的安全设施与安全装置，应按照现行法规、标准要求设置齐全、完整并始终保持完好有效。

6.9.2 游乐园安全设施与安全装置包括但不限于下列类型：

a) 场地防火、防雷、防风、防水疏水设备设施、防电击、防毒防爆(泄漏报警、紧急切断)，以及防倒塌(挡土墙、护坡等)、防坠落(防护栏杆、围栏、挡板、盖板、安全防护绳、安全走道、扶手与爬梯、窨井盖、防坠网)，以及围墙/电网等；

b) 建(构)筑物防火(火灾自动报警、自动灭火系统等)、防雷、防电击、防静电、防毒防爆、防坠落装置，人员密集场地场馆客流监控设备及疏散引导箱等；

c) 设备安全装置或安全附件(安全阀、爆破片、压力表、液位与流量计量、泄漏报警、紧急切断、通风排烟、制动、止逆、安全压杠与安全带等)、防雷、防电击、防坠落装置等；

d) 森林防火设施；

e) 动物安全防护设施；

f) 监控监测装置；

g) 安全防范系统；

h) 应急广播通信系统；

i) 作业人员人身安全防护工器具；

j) 举办大型活动时的水马、铁马、区域分隔、活动路线杆等。

6.9.3 可能发生人员坠落、误入、碰撞等危险的位置应设置防护栏杆。栏杆材料、形式、高度以及所能承受载荷应符合相关文件规定；栏杆应设计为防攀爬结构，不应采用花饰等易于攀爬的构造。

a) 阳台、外廊、室内回廊、上人屋面、室外楼梯等处的防护栏杆应符合 GB 50352 的要求。

b) 载人设备高处等候区、登舱平台、观景平台等处的防护栏杆，应符合 GB 51192、GB 8408 等的要求。

c) 长坡、陡坡、急转弯、悬崖、水域等危险路段的防护栏应符合 JTG D81 的要求。

d) 猛兽展区专用护栏应符合 CJJ 267 的要求。

6.9.4 运营、后勤等风险区域应设置分流、隔离、门禁、监控等设施。

6.9.5 在人员密集项目的售票处、入口处、排队区、易产生高峰客流区域等，应设置符合法规、标准要求的视频监控系统、应急广播通信系统。

6.9.6 在园区主入口、干道、边界等处，应设置视频监控系统、周界防范系统等安全防范系统。

6.9.7 宜设置包括安防、重大安全风险、消防安全重点部位与地质灾害风险点等四合一的电子巡更系统。电子巡更点位的确定应能满足安防与安全重点巡查管控要求。

6.9.8 对于需要定期检验或计量的安全装置、监控监测装置等，应定期检验或计量合格。

6.10 安全标志

6.10.1 游乐园应按照 GB 2893、GB 2894 执行安全标志管理。法规、标准要求设置安全标志的场地道路、建(构)筑物、设备设施、运营活动、施工活动或作业、风险区域或重大安全风险、应急疏散等，安全标志应设置齐全、覆盖完整、位置正确、明显清晰且内容无冲突。

6.10.2 安全标志包括但不限于下列类型：

a) 禁止、警告、指令、提示等安全标志；

b) 安全标记(安全色、对比色、安全旗、发光材料、分隔开的点光源等)；

c) 安全告知牌(安全须知、作业风险告知牌、职业危害告知牌、化学品危害告知牌、安全注意事项等)；

d) 公共信息图形标志、疏散平面图等其他标志。

6.10.3 应根据运营具体情况，在人员密集场地场馆、大型活动等的售票处、入口、排队区、堵点等区域，设置全天候、立体化、多媒体（语音、视频、动画）的安全标志。

6.10.4 大型游乐设施、客运索道等载人运营设备，应在出入口、等候区等易于引起乘客注意的显著位置，按照相关要求张贴使用登记标志、检验标志、安全使用说明、乘客须知（包括视频与广播）、安全注意事项、警示标志、使用年限届满日期等。安全使用说明、乘客须知或安全注意事项应符合设备特点，包括设备运动特点、乘客范围、身体条件限制、乘坐注意事项与禁忌事宜等方面的内容。

6.10.5 设在人员可接触区域内的安全标志，不应有明显的尖锐棱角；固定在地面时，标志牌地脚螺栓应采取包覆处理。

6.10.6 应对安全标志进行检查巡查与维护保养，发现有缺失、变形、破损或变色、松动、连接件脱漏、遮挡的，及时采取改进措施，确保安全标志与安全色始终处于完好状态。

6.10.7 游乐园宜根据本单位运营特点，采用先进技术，丰富安全标志显示手段。

6.11 作业安全

6.11.1 游乐园作业安全管理应包括但不限于下列方面：

a) 重要作业界定及分级分类；
b) 作业安全风险识别与管控；
c) 作业方案、规程或工艺制定；
d) 重要作业审批；
e) 作业安全标志管理；
f) 作业安全防护管理；
g) 作业工器具管理；
h) 重要作业人员资格能力要求与安全培训；
i) 作业过程中安全管理与检查巡查；
j) 作业应急管理；
k) 安全档案。

6.11.2 下列作业应区别常规作业与临时作业、一般作业与重要作业，根据风险程度进行安全管理：

a) 特种设备作业（包括安全设施与安全装置），如特种设备生产作业、运行操作作业、服务作业（大型游乐设施、客运索道等载人特种设备）、自检作业、维护保养作业、指挥作业等；

注：特种设备生产作业是在游乐园内进行的特种设备现场制造、安装、改造、修理等作业。

b) 特种作业，如有限空间作业、动火作业、高空作业、水上水下作业、起重吊装与拆卸作业、涂装作业、危险品装卸与使用作业、地下挖掘、临近高压输电线路作业、带电作业、爆破、临时破路、临时接改燃气与电缆管线、临时搭拆动土、指挥作业等；

c) 其他风险作业，如交叉作业、消防作业、演出作业、应急救援作业、特种设备以外重要设备操作与检维修等。

6.11.3 对任何可能造成人身伤害的首次重要作业与临时作业（如载人设备操作）及作业方法变更，应开展作业风险识别，依据风险识别与分析结果制定安全操作规程或安全作业方案，实施有针对性的作业安全管理。

6.11.4 对于临时用电、临时动火、吊装拆卸，以及涉及埋地燃气管道、高低压电缆与消防供水管道动土作业等临时性重要作业，应在作业方案中明确关键控制流程与节点，采取有效安全预防与控制措施，确保作业安全。

6.11.5 应安排人员进行重要作业现场安全管理，确保重要作业方案或操作规程得到严格遵守，安全措施得以有效落实。

6.11.6　烟花爆竹燃放作业，应获得相关部门批准，并符合 GB 10631、GB 24284、QX/T 354 的规定。

6.11.7　在游乐园运营期间，不应在载人设备运行区域和对游客开放的场地或建筑物内开展危险作业。

6.11.8　对于游乐园内非游客开放区域正在施工作业的区域，应设置安全围栏、挡板、安全防护绳（网）、盖板、安全警示标志、警示灯等防护措施。

6.11.9　进行绿化修剪及施工作业、植物病虫害防治作业时，应严格管控安全。在对游客开放区域内绿化修剪及施工作业、打药，应避开对外运营时段。植物病虫害防治不应使用剧毒、高毒农药。

6.11.10　对于可能造成爆炸、火灾、易燃有毒气体泄漏、坍塌、坠物的重要作业，应事先进行清场，派专人现场警戒防护，并充分做好各项应急准备。

6.11.11　对于附录 A 及现行法规、标准规定资格能力的从业人员，应确保其接受相关培训考试，获取专业资格并具备实际作业能力后，方可上岗工作。

6.11.12　对于重要建（构）筑物、重要设备设施、重大安全风险等检验检测、维护修理、操作使用、疏散应急、涉水作业、演出作业、危险物品储存保管与使用等无需获取专业资格的作业，应明确上述重要从业人员的任职能力资格，组织开展有针对性的安全知识、实际作业技能培训及考试考核。

6.11.13　应对重要作业活动进行安全检查巡查，及时发现并消除作业风险。

6.12　食品安全

6.12.1　游乐园食品安全管理应包括但不限于下列方面：

a)　采购与索证索票（包括食品、食品添加剂和食品相关产品）；

b)　进货查验与台账记录（票证与标签审查、保质期检查、包装检查、实物检查、冷藏冷冻食品测温检查，以及有怀疑的化验检查等）；

c)　食品贮存；

d)　食品加工安全质量控制；

e)　分餐与供餐、配送与运输；

f)　大型宴会、团餐的食品安全管理；

g)　一次性餐具管理；

h)　外卖点、外餐点、流动摊档的食品安全管理；

i)　客人自带食品或外送食品提示与管理；

j)　食品中致敏原提示管理；

k)　不合格或过期原料及产品管理；

l)　清洗消毒及保洁管理（场所、餐具、布草、化学品使用等）；

m)　食品添加剂管理；

n)　食品留样及安全追溯；

o)　食品检验及计量器具校验；

p)　从业人员卫生与健康管理；

q)　食品相关场所管理（储存、加工、陈列、销售、餐厅、废弃物处理）；

r)　设备设施与工器具管理（运输餐梯与送餐车、存储设备、加工机械设备、灶具排油烟设备、外卖设备等）；

s)　食品相关人员数量、资格能力要求与教育培训管理；

t)　安全检查巡查；

u)　防虫防鼠管控（包括杀虫灭鼠药物与器具）；

v)　食品标识标签管理；

w)　食品投诉受理；

x)　相关方管理；

y) 应急管理;

z) 安全档案。

6.12.2 提供餐饮服务和食品销售的游乐园,应取得食品经营许可证,并在就餐场所和食品销售场所明显处悬挂营业执照、食品经营许可证、食品安全量化等级公示(餐饮服务)等。

6.12.3 从事接触直接入口食品工作的食品从业人员应持有效健康证上岗。每天上岗前,应对食品从业人员晨检(从业人员应主动报告个人健康异常状况)。有发热、腹泻、皮肤伤口感染、咽部炎症等有碍食品安全病症的人员,应立即调离接触直接入口食品的岗位。

6.13 自然灾害防御

6.13.1 游乐园应确定本单位自然灾害防御相关人员的安全职责,并根据所处地理区域可能发生的自然灾害种类及危害情况,与政府自然灾害管理部门建立联络机制。

6.13.2 应按照 GB/T 36742—2018 的附录 A、附录 B 开展气象灾害风险评估,判定本单位是否为气象灾害重点防御单位。

6.13.3 经评估确定为气象灾害重点防御单位的游乐园,应确定本单位主要负责人为气象灾害防御责任人,配备气象灾害防御联系人、气象灾害应急管理人,成立气象灾害防御机构并落实职责,完善气象灾害防御条件,建立气象灾害防御制度及气象灾害应急准备。

6.13.4 气象灾害防御重点单位应配备必要的气象灾害预警信息接收与传播设施,确定避灾场所、转移路线,开展气象灾害防御知识科普宣传与培训。

6.13.5 应重点防范风灾、水灾、雷电等气象灾害,以及因气象灾害引发的建(构)筑物和设备设施损坏倒塌、坠物、塌方、泥石流、山体滑坡、溃堤、林草火灾等衍生、次生灾害。

6.13.6 应结合本区域已发生的自然灾害,开展自然灾害风险识别与事故隐患排查。对发生自然灾害可能造成重大损失与人员伤亡的安全风险进行经常化、针对性的普查摸底、登记、风险评估,确定自然灾害防御重点,列明并及时更新安全风险识别及评估记录表(见 GB/T 42103)。

6.13.7 游乐园应根据消除的紧迫性与危害的严重性,及时消除自然灾害事故隐患。对于暂时无法消除的事故隐患,以及核查确认的自然灾害及衍生、次生灾害多发重发区域内的风险点、重大危险源,应采取有效的管控与防护措施,包括建立监控监测系统、设置安全防护设施和现场警示告知、提供突发事件报警处置联络方式等。

6.13.8 对于园区或邻近区域存在可能产生山体崩塌、滑坡、泥石流等危及游客安全的地质灾害风险区域,应按 DZ/T 0221,对坡体地表和地下一定深度范围内的岩土体与其上建(构)筑物的位移、沉降、隆起、倾斜、挠度、裂缝等变化情况进行定期测量监测。

6.13.9 应对自然灾害防御工作进行经常性检查,及时开展自然灾害前与灾害后勘灾与系统全面安全检查,根据检查结果调整防御重点,改进工作,持续提高防灾、抗灾、救灾能力。

6.13.10 接到自然灾害(尤其是气象灾害)预报预警后,应根据自然灾害级别采取对应的防范措施。对于可能造成严重事故的自然灾害,应采取关停卸载锅炉、压力容器,关闭燃气管道阀门,切断非救灾抢险设备设施的电力供应,搬移或加固高空悬吊悬挂物,防护地面供排水管道阀门被坠落倒塌物毁坏(特别是水族馆维生系统管道)等措施,尽可能防范减少灾害损失。

6.13.11 自然灾害预警信号解除后,灾害后果未查清前,应采取或继续实施必要措施,防止发生危险物品泄漏、建(构)筑物倾覆、地面塌陷、设备设施倒塌、燃气管道损坏或泄漏、架空线路坠地、电缆裸露破损触电等衍生、次生事故。

6.13.12 自然灾害后,应对重要建(构)筑物、重要设备设施进行全面检验检测、安全评估或修复,确认符合安全要求后方可对外运营。特种设备安全技术规范有规定的,还应经特种设备检测机构检测合格。

6.14 职业健康

6.14.1 游乐园职业健康管理应包括但不限于下列方面:

a） 职业病危害管理人员配备要求；
b） 职业病危害前期预防管理；
c） 职业病危害项目申报管理；
d） 劳动用工及职业健康检查管理；
e） 劳动防护用品管理；
f） 职业健康警示标识管理；
g） 职业病危害监测及评价管理；
h） 建设项目职业健康“三同时”管理；
i） 劳动者职业健康监护管理；
j） 职业健康风险识别与管控；
k） 安全档案。

注：“三同时”指新建、改建、扩建项目的安全设施与主体工程同时设计、同时施工、同时投入生产和使用。

6.14.2 不应安排未经上岗前职业健康检查的劳动者从事接触职业病危害的作业；不应安排有职业禁忌的劳动者从事其所禁忌的作业；对在职业健康检查中发现有与所从事的职业相关的健康损害的劳动者，应调离原工作岗位，并妥善安置。

6.14.3 应对员工、相关方工作人员开展工作岗位或作业场所相关职业危害的培训，培训内容包括职业危害因素、防范措施及应急措施。

6.15 相关方管理

6.15.1 游乐园相关方管理应包括但不限于下列方面：
a） 相关方资格预审、评审(包括定期评审)；
b） 相关方合同安全事项审查；
c） 安全协议；
d） 相关方提供产品、商品、原材料等的安全质量管理；
e） 相关方工作或服务提供的安全管理制度、应急处置与救援预案等相关文件及审查；
f） 作业人员资格能力、安全培训与风险告知；
g） 现场活动安全风险告知；
h） 安全技术交底；
i） 危险作业(包括交叉作业)审批、作业安全行为管理与作业过程检查监督；
j） 涉及安全或安全质量工作的记录报告审查确认；
k） 事前、事中和事后安全监督与安全质量管控；
l） 相关方办公、仓储、食宿等(临时)建(构)筑物的安全管理；
m） 相关方现场用重要设备安全管理；
n） 相关方临时用电、用气安全管理；
o） 相关方安全风险识别与管控；
p） 应急管理；
q） 安全档案。

6.15.2 应对可能影响安全的施工或服务相关方建立准入制度，实行相关方目录管理。

6.15.3 相关方应具备开展工作所要求的营业资质、行政许可、单位与人员专业资质。游乐园不应将新建、改建、扩建工程项目或服务项目发包给不具备相应资质、不具备安全质量管控能力，多次出现质量或安全事故的单位。

6.15.4 应与相关方签订专门的安全协议或在合同中加入安全条款，明确双方的安全责任和义务。对于重要项目或长期服务项目，应签订专门的安全协议；对于一般性项目或一次性委托服务事项，可在服务合同中设立安全条款。

6.15.5 对相关方在园区运营区域，尤其在游客活动区域从事可能影响游客安全或游乐园正常运营的交叉作业或危险作业，应要求相关方进行安全风险识别，落实现场安全管控责任人、现场监护人与具体安全管控措施，制定应急预案并演练。

6.15.6 应对进入园区的相关方工作人员进行安全教育培训，告知本单位对相关方的安全管理要求，并对其现场作业活动进行安全监管与检查巡查。

6.15.7 对于重要场地环境、重要建(构)筑物与重要设备设施的施工或服务，应在合同规定项目全部结束后，根据项目大小与复杂程度组织完工检查验收或竣工验收。有法定检验要求的，还应事先通过法定检验。

6.15.8 完工检查验收或竣工验收包括实物检查、技术检验测试、资料审查、符合设计评价等方面内容。

6.15.9 应定期对特种设备(尤其是载人设备)、消防、电气、燃气等各类相关方的服务质量进行评估。

6.16 演出安全

6.16.1 开展演出业务的游乐园，应根据本单位实际情况进行演出安全管理，包括但不限于下列方面：

a) 演出场地场馆管理；
b) 演出设备设施、器具与道具管理；
c) 演职人员管理；
d) 演出活动(舞台演出、氛围演出、巡游演出、特效演出、水上水下演出、焰火表演、喷火表演、无人机表演、动物展示等)分级分类与管理；
e) 演出节目策划与变更，演出方案审核、审批；
f) 演出相关危险作业管理；
g) 观众行为管控；
h) 涉及安全的演出特效管控；
i) 相关方管理；
j) 演出安全风险识别与管控；
k) 演出应急管理；
l) 演出安全检查巡查管理(演出排练、演出前与过程中安全检查、演出结束清场等)。

6.16.2 演出场地场馆、建(构)筑物、设备设施(道具)及演出作业活动，应按照 GB/T 42103 进行风险识别与管控。

6.16.3 舞台机械、灯光音响视频、威亚、特效设备、幕布、表演用车辆、悬吊挂设备设施等演出设备设施、器具与道具应按 6.2 进行安全管理。

6.16.4 剧场、舞台、看台等演出场地场馆应按 6.3、6.4 进行安全管理，包括但不限于日常安全检查与维护保养、定期检测鉴定、特殊情况检查等。

6.16.5 采用燃气、烟花、火油等进行户外焰火表演的游乐园，应严格按照作业指导文件进行表演作业。当地点、材料、设备、工艺等发生变更时，应收集相关资料，组织安全技术论证与风险评估，开展测试彩排、安全培训、应急演练等工作。

6.17 涉水安全

6.17.1 水上游乐园、园内存在水域或开展涉水运营活动的游乐园，应进行涉水安全管理，包括但不限于下列方面：

a) 涉水运营活动与涉水游客行为管理；
b) 涉水设备设施，尤其是载人设备(水上游乐或娱乐设施、船舶、潜水器材等)；
c) 涉水场地及水域水体(水库、人工湖、人造河流、戏水及景观水体等)；

d) 涉水建(构)筑物管理;
e) 涉水作业人员管理;
f) 涉水重要作业安全管理;
g) 涉水电气安全管理;
h) 水质管理;
i) 涉水危险物品管理;
j) 涉水安全设施与安全装置管理;
k) 涉水安全标志管理;
l) 涉水安全风险识别与管控;
m) 涉水应急管理;
n) 涉水安全检查巡查管理;
o) 安全档案。

6.17.2 应加强涉水电气安全管理,按相关电气安全标准设置供配电设备设施与电击防护装置,定期进行检查检测,确保供配电设备设施、电线电缆与电击防护装置完好。

6.17.3 泳池、浴池、游乐池等水域水体的水质标准应满足 GB 37488 的要求,并在制度中明确工器具、检测频率、水样采集方式等要求,定期进行水质监测。

6.18 动物安全

6.18.1 开展动物运营业务的游乐园,应确保动物饲养、展示、科普教育、游客与动物互动等区域游客、相关人员的人身安全及动物安全,满足 CJJ 267、CJJ/T 263 的相关安全规定。

6.18.2 应对动物饲养、展示与科普教育活动等进行有效管理,包括但不限于下列方面:
a) 动物场地环境安全管理(展示场地区域、动物活动区域、水域等);
b) 动物相关建(构)筑物(展馆、水族馆、笼舍等)安全管理;
c) 动物相关设备设施安全管理;
d) 游客观赏动物行为安全管理;
e) 动物相关人员管理;
f) 动物相关重要作业管理;
g) 动物安全设施与安全装置管理;
h) 动物安全标志管理;
i) 动物相关危险物品管理;
j) 动物安全风险识别与管控;
k) 应急管理;
l) 动物安全检查巡查管理;
m) 安全档案。

6.19 园内交通安全

6.19.1 游乐园交通安全管理包括但不限于下列内容:
a) 园区交通道路设施管理;
b) 自有车辆管理要求(车辆合法手续、自检维护、定期年检等);
c) 本单位驾驶人员与安全驾驶管理;
d) 高峰客流或大型活动期间园区交通管控要求;
e) 特殊物品(如危险物品、大件货物等)园区内运输安全要求;
f) 园区道路交通标志标线管理;

g) 交通安全风险识别与管控；

h) 交通应急管理。

6.19.2 游乐园内使用的交通车辆与场内机动车，应取得公安交通部门或特种设备安全管理部门使用证。场内机动车或其他特种车辆应专车专用，作业范围不应超出其指定范围，不应违章载人、载物。应确保机动车辆按现行法规、标准进行定期检验检测，对运行的机动车辆开展维护保养，确保车况良好。

6.19.3 应按照 GB 5768.1、GB 5768.2、GB 5768.3 的有关规定，设置并维护园区道路交通标志标线。

6.19.4 应规范园区内各种车辆按规定线路、规定时段与限定速度行驶，规范驾驶人员作业行为。驾驶人员应观察游客的安全状况，提醒游客注意安全。游乐园使用车辆不应在交叉路口闯红灯或与游客车辆、游人争抢道路。

6.19.5 救护车、消防车进入园区时，应安排专人引导，沿途工作人员应疏导游客，消除路障。

6.19.6 应对巡游、观光、生产等各类机动车辆司机的精神、身体状况加强关注，对其技能与行为加强管理，避免出现疲劳驾驶、酒后驾驶等危险行为。

6.20 其他安全

6.20.1 建有无损检测、仪器仪表计量、水质化验、食品检验、动物检验等的游乐园，应对内部检验检测实验室人员、仪器、作业指导文件等软、硬件条件按照相关法规、标准进行管理。

6.20.2 采用无人机进行表演、拍摄、观察、运输时，应对无人机及其作业活动进行规范管理。管理内容包括但不限于驾驶员、飞行区域、气象条件、防干扰、飞行审批、检查维护、失控失联处置等。不应在过山车运行包络线等危险区域进行无人机飞行。确需在特殊区域或禁飞区域进行飞行作业的，应提前进行申报，批准后按照方案执行飞行任务。

附　录　A
（资料性）
资格资质有关要求清单

资格资质有关要求清单见表 A.1。

表 A.1　资格资质有关要求清单

序号	类别	项目	要求
1	注册登记	特种设备	向相关主管部门申请办理使用登记，不包含 TSG 08 列明的无需注册设备
2		水库大坝	向相关主管部门登记，并获得使用登记证书
3		游船	向相关主管部门登记
4		车辆	向相关主管部门登记
5		建筑物	新建或改建的各类永久或临时建筑物，符合各自适用的法规、标准规定，履行报批报建、设计审查、检验检测、竣工验收等程序，取得合法使用手续
6	许可审批	消防验收或备案	新建、扩建、改建（含室内装修、用途变更）等建设工程应经相关主管部门进行消防验收或备案，取得消防验收或备案验收合格文件
7		消防安全检查合格证	公众聚集场所在投入使用、营业前，取得消防安全检查合格证
8		雷电防护装置	经风险评估需要有防雷保护的建（构）筑物、空旷场所和设备设施是否处于保护范围之内
9			各类建（构）筑物、场所和设施安装的雷电防护装置，应由具有相应资质的单位承担设计、施工，经过设计审核和竣工验收
10		大型活动安全许可	预计参加人数在 1 000 人以上的，向活动所在地有关部门申请安全许可；跨省、自治区、直辖市举办大型群众性活动的，向国家有关部门申请安全许可
11		焰火燃放许可	主办单位应按照分级管理的规定，向相关主管部门提出申请，并提交举办焰火晚会以及其他大型焰火燃放活动的时间、地点、环境、活动性质、规模，燃放烟花爆竹的种类、规格、数量，燃放作业方案，燃放作业单位、作业人员符合行业标准规定条件的证明等材料
12		食品许可证	向相关主管部门申请食品生产许可证、食品经营许可证
13	竣工验收	重要设备设施	特种设备、消防设备等，应在施工项目全部结束后且在有关部门或技术机构检查、检验、验收技术后，开展最终竣工验收
14		建设工程	新建、扩建、改建的建筑工程竣工经验收合格后，方可交付使用；未经验收或者验收不合格的，不应交付使用

表 A.1 资格资质有关要求清单（续）

序号	类别	项目	要求
15	从业人员与培训	法定从业人员	1) 各领域专业（生产、特种设备、消防、食品等）的法定从业人员配备数量应满足要求与需求，持证上岗并定期复审； 2) 专项安全管理人员（安全负责人、消防安全责任人与消防管理人、特种设备安全管理人员、气象灾害防御责任人与气象灾害应急负责人等）； 3) 生产安全相关从业人员（高压电工、低压电工、焊工等特种作业人员）； 4) 特种设备相关从业人员（如相关安全管理人员、司炉、水处理、大型游乐设施与索道操作修理、观光车辆司机、检验检测人员等）； 5) 消防从业人员（消防控制室值班人员、自动消防设施操作人员、消防设备设施维修保养人员等）； 6) 食品从业人员（食品安全管理员、接触直接入口食品的从业人员等）； 7) 涉水安全从业人员（游船船员、潜水员、潜水照料员、潜水监督、救生员、游泳池水质管理员、潜水技术指导人员、潜水医生等）； 8) 其他从业人员（无人机驾驶员、职业健康管理人员）
16		安全培训	培训对象全面覆盖、培训内容齐全完整、培训时间按时按量等
17	定期检测或鉴定	设备设施	各类设备设施按法律、法规和安全技术规范的要求进行定期检测或申报法定检验
18		建（构）筑物	建筑物、幕墙、户外广告设施等按照相关法规标准、设计要求及使用维护说明书规定的期限进行安全性检查或鉴定
注：本清单仅作示意，游乐园需要根据当地法规要求和实际情况编制适合本单位的清单。			

附 录 B
（资料性）
重要设备设施清单

重要设备设施清单见表 B.1。

表 B.1 重要设备设施清单

序号	设备设施类型、举例及重要程度			
	名称	细目	举例	重要程度
1	特种设备	大型游乐设施	滑行车类、观览车类、飞行塔类等	* *
2	特种设备	客运索道	客运架空索道、地面缆车及客运拖牵索道	* *
3	特种设备	电梯	载客电梯、自动扶梯、消防员电梯、载货电梯、杂物电梯等	载客电梯、自动扶梯 * *，其他 *
4	特种设备	场内专用机动车辆	机动工业车辆，如叉车等，以及非公路用旅游观光车辆，如观光列车、电瓶车等(内部道路用载客用客车)	旅游观光车辆 * *，其余 *
5	特种设备	起重机械	符合特种设备目录中起重机械范畴的各类起重机，如机械式停车设备、桥式起重机等	载人设备附属起重设备、运营环节起重要作用的起重设备、散件入场安装的非标设备 * *，其余 *
6	特种设备	锅炉	符合特种设备目录的各类蒸汽锅炉、热水锅炉	蒸汽锅炉 * *，其余 *
7	特种设备	压力容器	符合特种设备目录的各类压力容器	载人设备附属压力容器、人员密集场地场馆压力容器与气瓶(高压、易燃易爆) * *，其余 *
8	特种设备	压力管道	燃气管道、蒸汽管道、中低压输气管道	人员密集场地场馆易燃易爆管道 * *，其他 *
9	非监管设备及类似设备	小型游乐设施及其他	不属于大型游乐设施范畴的机动游乐设备； 淘气堡、滑梯、秋千、跷跷板、攀爬攀岩设备、室内软体小型游乐设施； 鬼屋中使用的游乐设备；观光船、游船	观光船、游船 * *，其他 *
10	非监管设备及类似设备	简单压力容器	空压机储气罐、小型蒸汽灭菌器等	载人设备附属及人员密集场地场馆的简单压力容器 *
11	非监管设备及类似设备	其他承压设备	不属于压力容器和简单压力容器范畴的承受压力且具有一定容积的设备，如用在载人设备上的空气储罐、采用蒸汽的洗涤熨烫设备、蒸汽灭菌器、消防储能器、气压给水罐、气体灭火器，以及不纳入气瓶管辖范围的各类灭火用气瓶、特效用的蒸汽锅炉及管道、特效用的氮气罐及管道、板式换热器与半容积式换热器(存在一定容积和压力的)	运营前场人员密集场地场馆压力容器 *（散件入场安装的非标设备、人员密集场地场馆易燃易爆管道 * *）

表 B.1 重要设备设施清单（续）

序号	设备设施类型、举例及重要程度			
	名称	细目	举例	重要程度
12	非监管设备及类似设备	非监管锅炉	小型蒸汽锅炉、真空热水锅炉、常压热水锅炉	人员密集场地场馆的小型蒸汽锅炉、燃气真空或常压锅炉 * *，其他 *
13		其他起重举升设备	特种设备目录以外的各类起重机，如移动式升降平台、高空作业平台(含门式延伸平台)、单轨式升降机、电动升降系统设备、固定式链条提升机、升降工作平台、擦窗机、座板式单人吊具、高处作业吊篮等	载人设备附属起重设备、运营环节起重要作用的起重设备、散件入场安装的非标设备、擦窗机、座板式单人吊具、高处作业吊篮 * *
14	演出设备设施	台上设备	卷扬机构(设备)、驱动机构、传动装置，如舞台飞行器、单点吊机威亚等	* *
15		台下设备	升降台与辅助升降台、移动和旋转设备、升降机构、驱动机构、传动装置、制动器、支撑结构、承重结构等	* *
16		舞台与看台	舞台是为演员提供创作(演出)空间，在室内或露天安装的临时性、永久性舞台及其背架结构；安装在设备设施舞台的周围，供观众看节目所搭建的临时性、可拆卸金属结构	*
17		舞美装置	辅助艺术表演，协助舞台调度功能的，通过制景技术，运用舞台技术和装备技术体现舞美设计意图的非固定式造型	B类与C类舞美装置 * *
18		动雕	倒塌、坠落可能致人伤亡的机械式动雕	高于 2 m 的 * *
19		演出车辆与船只	巡游花车、舞台车、摩托艇等	*
20		特效设备	液氮和蒸汽产生雾、真火等特效的设备	—
21		台上灯光音响视频	—	—
22	消防设备设施	火灾自动报警系统	烟感、温感、联动控制器、红外探测器、声光报警器/警铃、可燃气体探测报警控制器、可燃气体探测器、电气火灾探测器与监控设备等	*
23		气体灭火设备	二氧化碳灭火系统、七氟丙烷(HFC—227ea)洁净气体灭火系统、IG541 混合气体灭火系统、卤代烷灭火系统、悬挂式气体灭火装置、柜式气体灭火装置、热气溶胶预制灭火系统灭火剂压力容器、驱动气瓶等	贴近密集人群，具有爆炸危险的消防设备 * *，其他 *

表 B.1 重要设备设施清单（续）

序号	设备设施类型、举例及重要程度			
	名称	细目	举例	重要程度
24	消防设备设施	其他灭火设备	厨房设备灭火装置、固定消防炮灭火系统、泡沫灭火系统、七氟丙烷泡沫灭火系统、推车式灭火器、自动喷水灭火系统、细水雾灭火系统	贴近密集人群，具有爆炸危险的消防设备* *，其他*
25		其他	消防蓄水罐（尤其是森林防火用、人员密集场地场馆用）、消防给水泵及消火栓系统、防火分隔、防排烟系统、救生缓降器等	*
26	防雷装置		接闪器、引下线、接地装置、浪涌保护器	*
27	燃气设备设施	管道系统	户内外燃气管道、调压箱（柜）、计量箱（柜）、阀门井、阀门箱及其安全装置	设置在人员密集场地场馆的设备* *
28		燃气加热设备	燃气热水加热器、燃气热泵、直燃机、燃气取暖器	
29		厨房用燃烧设备	厨房燃气炉灶、蒸柜、蒸炉、大型蒸箱带挂壁式蒸汽机（天然气）、燃气烧烤炉、炊用燃气大锅灶、燃气燃烧器和燃烧器具、燃气沸水器、燃气四头平头炉连燃气焗炉、座地式燃气双缸炸炉等	
30	供配电与用电设备设施	变压器	10 kV 以上主变压器、隔离变压器、油浸式变压器	油浸式变压器*（户外设置的油浸式变压器* *）
31		电柜电箱	高压变配电柜、低压变配电柜、一级电柜电箱、二级电柜电箱、配电房设备、双电源切换柜、继电保护装置、漏电保护装置、坐落或靠近游客区域的电箱；设置在大型商业综合体、森林防火重点区域和消防重点部位，可能引发电气火灾的电气设备设施及其电缆	坐落或靠近游客区域的电箱、漏电保护装置*
32		电气加热/取暖/充电设备	桑拿炉、电热油汀、电动车辆充电桩及分散式充电设备等	*
33		应急电源	柴油发电机及其储油罐、UPS、EPS	*
34	危化品储存与使用设备设施		固定式危化品储存或使用容器及其系统（包括管道阀门）	设置在前场、容积大于 $1\ m^3$ 或非标设备系统* *
35			埋地储罐及其输油管道、柴油储罐、彩火油罐	埋地储罐及其输油管道、柴油储罐* *
36			汽车加油站设备系统（燃油加油机）	* *
37			厨房柴油炉灶	*

表 B.1　重要设备设施清单（续）

序号	设备设施类型、举例及重要程度			
	名称	细目	举例	重要程度
38	给排水及维生系统	给排水泵、阀门与管道	重要运营用水泵(过滤水泵、生化水泵、冷却泵)、防御气象灾害的潜水泵、潜水排污泵、集水井(排污泵)	防御气象灾害潜水泵 *
39		暖通、空分	制冷设备、空气分离设备	作为运营主要辅助支撑系统的制冷设备 * *
40		海洋馆维生系统	压力水罐、热交换泵、尾气处理泵、风冷式冷水机组、脱气塔、气泵、冷暖热泵机组,以及管道阀门系统等	不可检测维护的设备系统(包括管网系统) * *
41	食品加工设备		切割类食品加工设备,如切菜机	*
42	其他		1) 造浪设备、在游客密集区域现场安装的 3 m 高以上设备设施; 2) 在游览食宿场所人员上方高空悬吊(侧挂),倒塌坠落可能致人伤亡的机械模型、装饰物、灯具、音响、投影等(重 10 kg 以上的)、电信基站设备及其他可移动设备; 3) 凶猛动物笼舍; 4) 索道救援用小飞人与滑行小车、潜水设备、夹烫机、卡式气炉、无人机等; 5) 户外广告设施; 6) 水库/河堤启闭设施	2)、3)包括设备 * *,索道救援用小飞人与滑行小车、潜水设备 *
注:“* *”表示特别重要,“*”表示重要。				

参 考 文 献

[1] GB/T 6441 企业职工伤亡事故分类

[2] GB/T 6721 企业职工伤亡事故经济损失统计标准

[3] GB/T 16767 游乐园(场)服务质量

[4] GB/T 16855.1 机械安全 控制系统安全相关部件 第1部分:设计通则

[5] GB/T 16895.21 低压电气装置 第4-41部分:安全防护 电击防护

[6] GB/T 21714.2 雷电防护 第2部分:风险管理

[7] GB/T 22696.2 电气设备的安全 风险评估和风险降低 第2部分:风险分析和风险评价

[8] GB/T 30220 游乐设施安全使用管理

[9] GB/T 31593.3 消防安全工程 第3部分:火灾风险评估指南

[10] GB/T 33170.2 大型活动安全要求 第2部分:人员管控

[11] GB/T 33170.3 大型活动安全要求 第3部分:场地布局和安全导向标识

[12] GB/T 33942 特种设备事故应急预案编制导则

[13] GB/T 34371 游乐设施风险评价 总则

[14] GB/T 34924 低压电气设备安全风险评估和风险降低指南

[15] GB/T 35076 机械安全 生产设备安全通则

[16] GB/T 36729 演出安全

[17] GB/T 36731 临时搭建演出场所舞台、看台安全

[18] GB/T 41091 人员密集场所电气安全风险评估和风险降低指南

[19] GB 50028 城镇燃气设计规范(2020版)

[20] GB 50601 建筑物防雷工程施工与质量验收规范

[21] GB 50763 无障碍设计规范

[22] GB 55009 燃气工程项目规范

[23] AQ/T 9002—2006 生产经营单位安全生产事故应急预案编制导则

[24] AQ/T 9007—2019 生产安全事故应急演练基本规范

[25] JGJ/T 251 建筑钢结构防腐蚀技术规程

[26] LB/T 034 景区最大承载量核定导则

[27] QX/T 116 重大气象灾害应急响应启动等级

[28] QX/T 439 大型活动气象服务指南 气象灾害风险承受与控制能力评估

[29] TSG 08 特种设备使用管理规则

[30] TSG 11 锅炉安全技术规程

[31] TSG 21 固定式压力容器安全技术监察规程

[32] TSG N0001 场(厂)内专用机动车辆安全技术监察规程

[33] TSG R7001 压力容器定期检验规则

[34] TSG S7001 客运索道监督检验和定期检验规则

[35] XF 654 人员密集场所消防安全管理

[36] XF 1131 仓储场所消防安全管理通则

[37] XF/T 1369 人员密集场所消防安全评估导则

[38] 人体损伤致残程度分级(最高人民法院、最高人民检察院、公安部、国家安全部、司法部发布)

ICS 97.200.40
CCS Y 57

中华人民共和国国家标准

GB/T 42102—2022

游乐园安全　现场安全检查

Amusement park safety—On-site safety inspection

2022-10-12 发布　　2022-10-12 实施

国家市场监督管理总局
国家标准化管理委员会　发布

前　言

本文件按照 GB/T 1.1—2020《标准化工作导则　第 1 部分：标准化文件的结构和起草规则》的规定起草。

请注意本文件的某些内容可能涉及专利。本文件的发布机构不承担识别专利的责任。

本文件由全国索道与游乐设施标准化技术委员会(SAC/TC 250)提出并归口。

本文件起草单位：广东长隆集团有限公司、中国特种设备检测研究院、广州长隆集团有限公司、珠海长隆投资发展有限公司、珠海长隆投资发展有限公司海洋王国、广州长隆集团有限公司香江野生动物世界分公司、广州长隆集团有限公司长隆夜间动物世界分公司、广州长隆集团有限公司长隆开心水上乐园分公司。

本文件主要起草人：蒋敏灵、郑志彬、张闯、梁伟林、王银兰、郭俊杰、陈皓、甘兵鹏、赵强、王和亮、田博、张学礼、蔡岭、郭健麟、张德录、覃权怀、蒲振鹏、向洪飞、陈永振、吴海明、钟怀霆、刘斌、周泽武、王勇、钟建树。

游乐园安全　现场安全检查

1　范围

本文件规定了游乐园现场安全检查工作的总体要求、安全检查实施、其他管理要求。

本文件适用于游乐园及其上级单位开展的各级现场安全检查。旅游景区可参照执行。

2　规范性引用文件

下列文件中的内容通过文中的规范性引用而构成本文件必不可少的条款。其中，注日期的引用文件，仅该日期对应的版本适用于本文件；不注日期的引用文件，其最新版本（包括所有的修改单）适用于本文件。

GB 39800.1　个体防护装备配备规范　第1部分：总则

GB/T 42101　游乐园安全　基本要求

GB/T 42103　游乐园安全　风险识别与评估

GB/T 42104　游乐园安全　安全管理体系

3　术语和定义

GB/T 42101、GB/T 42103 界定的以及下列术语和定义适用于本文件。

3.1

安全检查巡查　regular safety inspection

游乐园各级组织、安全管理机构按照本单位安全管理体系相关文件或安全检查计划所规定的项目、内容所开展的监督性质的经常性的检查和巡查。

3.2

日常检查　routine inspection

游乐园业务部门和班组对所管辖区域的设备设施、建（构）筑物等，依据使用维护说明书或作业指导文件规定开展的日检、周检、月检等技术性检查。

3.3

专项安全检查　specific safety inspection

针对特定安全领域或专业、特定安全管理重点、特殊时期等开展的安全检查。

3.4

综合性安全检查　comprehensive safety inspection

对 GB/T 42101 规定的通用安全要求与专项安全要求有效落实情况进行的全面系统性安全检查。

3.5

现场安全检查　on-site safety inspection

游乐园或游乐园上级单位对游乐园开展的定期和不定期的专项安全检查和综合性安全检查。

4 总体要求

4.1 安全检查文件

4.1.1 按照GB/T 42101、GB/T 42104的要求，建立覆盖本单位全地域、全时段、全范围、全过程、全部管理对象的安全检查程序文件及相关的作业指导文件。

4.1.2 安全检查程序文件及相关作业指导文件应包括但不限于下列内容：

a) 安全检查种类；
b) 安全检查实施主体；
c) 安全检查时间；
d) 安全检查方式、方法；
e) 安全检查重点；
f) 安全检查发现问题的处理；
g) 排查与整改；
h) 整改工作的监督与复查(抽查)；
i) 典型案例的管理；
j) 安全检查工作质量管控；
k) 安全检查数据分析与工作总结要求；
l) 安全检查过程与检查结果的信息化管理；
m) 安全检查档案管理。

4.1.3 为有效规范安全检查工作，在通用安全检查作业指导文件和专用安全检查作业指导文件中，详细列明各类专项或专业的安全检查项目表。游乐园上级单位实施的现场安全检查，也应制定现场安全检查项目表。安全检查项目表满足下列要求：

a) 按照相关规定列明检查项目与要求，还应满足GB/T 42101的通用安全要求和专项安全要求；
b) 根据被检查对象涉及的业务活动，按照GB/T 42101与GB/T 42103中的项目进行选取和补充；
c) 当某专项安全要求涉及较多方面时，如设备设施，其检查项目表可按总项目、分项目进行细化，给出具体检查项目。

专项安全检查的安全检查项目表示例见附录A。

4.1.4 安全检查项目表应结合实际情况定期予以修订。当安全检查项目表不能满足特定时期、特定情况或特定业务部门和班组的安全检查需求时，或新的法规标准颁布时，应及时予以修订。

4.2 检查计划与方案

4.2.1 安全检查工作的开展应制定年度现场安全检查计划，列出年度现场安全检查的重点领域、重点区域和重点事项，以及现场安全检查的频次及检查时间。

4.2.2 综合性安全检查、专项安全检查与安全检查巡查应互相结合，形成差异化互补。涉及GB/T 42101中多项通用安全要求和专项安全要求时，以开展综合性安全检查为主；针对某一安全领域或专业、安全管理重点、特殊时期或特定情况，以开展专项安全检查为主。综合性安全检查可一次性完成，也可分解成多个专项安全检查在一定时期内完成。

4.2.3 游乐园各级组织和安全管理机构开展的安全检查巡查，应确保通过不同时段对不同区域或对象的检查巡查，在一定周期内完成全部安全管理对象的检查巡查。此外，还应结合现场安全检查发现问题与整改要求，制定检查计划，通过安全检查巡查推进整改工作落到实处。

4.2.4 对于涉及方面较多、规模较大的综合性安全检查或增加特定检查要求的，安全检查组可结合被检查对象特点，有针对性地制定现场安全检查方案，增强安全检查的针对性和实效性。检查方案包括但不限于下列内容：

a) 检查目的、对象与范围；
b) 检查时间、步骤进度；
c) 检查任务与责任人；
d) 修订的安全检查项目表（安全检查项目宜有利于发现问题和便于数据化管理）；
e) 检查重点；
f) 检查措施与方式、方法；
g) 检查工作要求与配合检查要求；
h) 检查所需资料；
i) 首次会议、末次会议安排；
j) 检查所需工器具与个体防护要求。

4.3 检查时间

4.3.1 各类现场安全检查的时限应按游乐园年度现场安全检查计划执行。现场安全检查时间满足下列要求：

a) 针对 GB/T 42101 通用安全要求与专项安全要求有效落实情况，每年至少进行一次全面系统的综合性安全检查；
b) 针对不同安全领域、不同安全专业的专项安全检查，宜每季度至少进行一次，每年覆盖所涉及的重点安全领域和专业；
c) 针对春节、国庆节等国家法定节假日、寒暑假客流高峰期的综合性安全检查或专项安全检查，宜至少提前 10 d 进行，以便在高峰客流来临前完成问题整改；
d) 针对大型活动与项目开业前开展的综合性安全检查，可根据实际工作情况，酌情分阶段提前开展专项安全检查并落实整改，在活动举办前或项目开业前完成综合性安全检查与检查发现全部问题的全面整改；
e) 针对防御自然灾害的专项安全检查，结合自然灾害发生发展情况开展，至少每年开展一次（可结合综合性安全检查）。自然灾害来临前的专项安全检查，应在接到政府相关部门发布的自然灾害预报预警后立即组织进行，以便针对发现问题提前做好防灾避险准备工作。

4.3.2 当出现以下特定情况之一时，应开展专项安全检查或综合性安全检查：

a) 适用的法律法规、标准或本单位安全管理体系文件发生重大变更或有新法律法规出台；
b) 游乐园组织机构、业务形式内容、人员编制、规模、重要设备设施及其工艺等发生可能影响安全的重大变更；
c) 新建、改建、扩建运营项目[重要建(构)筑物、重要设备设施]竣工投用前；
d) 停用时长超过一个季度的运营项目恢复使用前；
e) 本单位发生安全事故（人员死伤事故、同类频发事故）或业内外发生可借鉴的重大安全事故；
f) 此前现场安全检查发现问题较多、涉及面较广或整改不力；
g) 有重大投诉、举报或其他应进行事故隐患排查的情况出现；
h) 针对季节性特点、气候条件变化情况组织的安全检查；
i) 当某安全领域（专业）或专题需要进行专项安全检查；

j) 国家、地方相关政府部门和上级单位提出要求；

k) 其他应进行安全检查的情况发生。

对 a)、b)情况应重点审查修订后的游乐园安全管理体系文件及其执行效果。

4.3.3 特种设备种类与数量较多、安全技术问题比较复杂的游乐园，每年可邀请外聘专家或委托专业的咨询服务机构开展专业安全检查。

4.4 检查人员与检查工器具

4.4.1 现场安全检查应成立安全检查组。游乐园综合性安全检查应由游乐园主要负责人带队，专项安全检查应由游乐园安全负责人或其他专项安全负责人、安全管理机构负责人带队。游乐园部门级组织自行开展的综合性安全检查或专项安全检查，应由承担“一岗双责”的部门负责人带队。

注：“一岗双责”是指各级组织负责人承担的业务职责和对应的安全职责。

4.4.2 安全检查人员应具有所检查安全领域（专业）的相关工作经历与能力，熟悉安全检查工作要求、检查方法和安全检查文件。

4.4.3 安全检查人员按照 GB 39800.1 的要求佩戴个体防护装备。对于安全检查所处场地环境有特殊安全或卫生要求的，安全检查人员的身体素质和状态应满足要求，如高空安全检查人员无恐高症、食品安全检查人员无有碍食品安全的疾病等。

4.4.4 检查时携带记录现场情况的摄像机或照相机，还应根据检查工作的技术特点，携带测量工器具和检测仪器，如可燃气体浓度检测仪、验电笔、万用表、温度计等。测量工器具与检测仪器应外观完好、功能正常，并应在计量溯源有效期内。

4.5 检查侧重点与方法

4.5.1 游乐园各级组织是承担安全责任的主体，承担“一岗双责”的各级组织负责人的安全管理履职情况、开展安全检查巡查情况、对重要设备设施与重要建(构)筑物开展的日常检查等情况，应作为现场安全检查的主要对象。安全管理机构实施的安全管理监督活动、开展的安全检查巡查质量与效果，也应作为游乐园主要负责人或上级单位开展现场安全检查的侧重点之一。

4.5.2 现场安全检查应按相关安全检查项目表开展工作，并侧重于可能造成人身伤害事故的重要场地环境、重要建(构)筑物、重要设备设施等实物安全状况，以及重要作业、高峰客流与大型活动等重要运营活动安全管控，事故隐患排查治理与重大安全风险管控等方面情况。

注：重大安全风险指 GB/T 42103 规定的 1 级安全风险与 2 级安全风险。

4.5.3 现场安全检查方法主要以实地观察巡查、宏观检查、重点抽查、查阅资料、人员询问、见证重要作业、会议交流讨论等方式开展，必要时开展专业性检查检测或试验、人员安全管理知识或实际安全技能考核。

4.5.4 现场安全检查以安全管理体系文件审查为辅助方法。现场安全检查时所进行的安全管理体系文件审查主要是在发现被检查的相关业务部门和班组存在较严重、共性、典型安全问题，多次重复发生同类事故或此前检查发现的事故隐患(安全问题)反复出现时，应追根溯源地审查其安全责任制健全与落实、安全管理体系文件健全与执行有效性等方面情况，督促其从根源上改进某方面工作，进一步健全安全管理体系。

4.5.5 当现场安全检查发现游乐园多方面存在较多系统性安全问题，显示其安全管理体系不健全、不完善时，游乐园应开展安全管理体系自查自纠，随之开展安全管理体系文件专项审查或开展安全管理体系评审。

5 安全检查实施

5.1 检查准备与现场工作程序

5.1.1 开展现场安全检查前，游乐园或其上级单位应向被检查对象提前告知本次安全检查的目的、项目、时间，提出配合检查要求（飞行检查除外）。

5.1.2 现场安全检查带队负责人对安全检查组成员进行检查工作分工，落实检查责任。检查组各成员的工作有所侧重。

5.1.3 对于已制定方案的现场安全检查，检查组应组织检查人员研究讨论现场安全检查方案，熟悉检查项目与内容、重点以及检查方式、方法等。同类现场安全检查再次开展时，检查组应事先查阅上一次检查时的档案资料，及时调整检查重点。

5.1.4 游乐园上级单位对游乐园开展的现场安全检查，检查带队负责人还应督促检查人员提前了解游乐园的基本情况、生产运营特点、安全管理重点、以前安全检查发现的问题及整改情况。现场安全检查如涉及较深专业内容，检查人员应事先查阅、研究、掌握相关法规、标准的要求，必要时可邀请专家对检查人员进行培训，也可以邀请专家共同参加检查。

5.1.5 检查人员应基本掌握被检查对象的安全底数与安全管理重点，应结合国内外及行业内外各类相关事故案例，根据其此前检查屡次发现的问题或不能有效整改的问题，从中发掘出不安全因素，作为安全检查的重点，进一步细化或调整工作重点，修订安全检查项目表。

5.1.6 游乐园上级单位开展的综合性安全检查宜按下列程序执行，专项安全检查可适当简化工作程序。

a) 召开首次会议，告知本次检查计划、安全检查项目与重点、方式、方法、抽查比例，确定检查日程表（视检查工作种类、重要性与规模），提出现场安全检查配合要求等。
b) 实施现场安全检查。按确定程序和现场安全检查项目表进行。
c) 当安全检查发现重大事故隐患时，应按“确认、记录、报告、通知”程序处理。
d) 检查组内部沟通检查发现。
e) 检查结束后召开工作会议，检查组向游乐园通报全部检查发现，提出整改要求或建议，形成会议纪要。游乐园可对检查初步结果陈述意见。

5.1.7 游乐园开展的现场安全检查宜按下列程序执行：

a) 制定并发布安全检查通知和方案（如有），告知本次检查计划、安全检查项目与重点、方式、方法、抽查比例、检查日程表、检查配合要求等；
b) 实施现场安全检查，按确定程序和现场安全检查项目表进行；
c) 检查结束后召开工作会议，通报全部检查发现，提出整改要求或建议，形成会议纪要。

5.2 过程管理

5.2.1 开展现场安全检查，首先应进行被检查对象的现场工作安全风险识别、风险告知与安全条件确认。当现场安全条件不满足，可能会造成检查人员伤害时，检查组不应开展现场安全检查。

5.2.2 查阅文件资料应在实施现场安全检查前及检查过程中进行。被检查的游乐园或其业务部门和班组应提供下列文件资料供检查人员查阅：

a) 合法性文件（行政许可、注册登记、报批报建、检查验收、定期检验、检测校验等）与相关人员资格证书等合法性文件；
b) 检查重点或发现较大问题环节的岗位责任制健全与落实情况；

c) 现场检查对象适用的安全管理体系文件健全与执行情况；

d) 相关作业指导文件健全与执行情况；

e) 相关安全台账或数据库信息的全面性、真实性与及时性；

f) 相关记录（运营、设备设施运行、日常检查与维修保养记录等）；

g) 外委检测维保单位服务委托合同、工作记录与报告；

h) 重要从业人员培训与考试考核资料；

i) 故障与事故事件分析处理资料；

j) 安全管理活动资料（安全责任状、安全会议记录或纪要及执行落实情况、各级现场安全检查、安全检查巡查记录、问题整改封闭、尚待解决等安全问题清单、安全检查发现问题汇总与趋势分析、安全风险识别与管控及事故隐患排查治理等）。

5.2.3 游乐园上级单位开展现场安全检查时，宜先进行现场检查对象巡查，摸清现场安全检查对象的环境条件与重点状况。

5.2.4 对于安全检查项目表或检查方案规定，或现场观察发现问题需要实物检查检测或试验（对安全防护装置性能和灵敏度进行现场检查）的，在确认游乐园检查检测作业指导文件有效后，可按其文件复测校正，或见证游乐园相关人员按此作业指导文件实施检查检测或试验，并将记录结果与他们此前工作记录比对。

5.2.5 检查人员见证重要作业，对相关人员开展问询，考核游乐园或其相关业务部门和班组负责人、管理人员、各类作业人员对本岗位职责、相关安全管理体系文件（尤其是作业指导文件）的熟悉程度，以及是否具有管理、作业（操作、自检与维护、应急等）相关能力，并与现场安全检查过程中的现场观察、实物检查检测情况进行对比。现场见证重要作业时，尽可能在不影响正常运营的前提下进行。

5.2.6 当现场安全检查发现被询问人员各自说法不一，涉及部门和人员较多或问题具有普遍性时，应召开专门会议进行座谈讨论或集中考试考核。

5.2.7 检查人员应依据安全检查项目表逐项开展检查，把精力集中在重点区域、事故事件多发领域环节、重要岗位及安全工作的薄弱环节，并对照其已有安全检查记录和现存安全问题清单，侧重跟踪检查核实下列情况：

a) 游客密集区域的场地环境、建（构）筑物、设备设施、作业（尤其是交叉作业）等方面安全管控的有效性；

b) 游乐园、上级单位或政府相关部门安全检查发现问题整改封闭情况（尤其是整改的真实性）；

c) 典型安全问题“三查三改”情况；

d) 重大事故隐患排查治理情况；

e) 重大安全风险所采取管控与应急措施齐全、有效性。

注：“三查三改”指对典型安全问题进行的举一反三、追根溯源、全面系统的排查与整改。

5.2.8 检查带队负责人应有效地控制安全检查质量，检查人员应确保现场安全检查不错检、不缺项、不漏项、抽查比例符合要求，确保检查记录完整真实、可见证、可追溯、相关见证资料的关联一致，以及检查记录的有效性，对检查结论和检测结果的正确性和真实性负责。

5.2.9 检查过程中，检查带队负责人应加强检查人员之间的配合，及时通报相关情况，加大检查工作的指导监督力度，做好协调。对检查人员现场难以确定的疑难问题，应本着实事求是的科学态度，及时组织检查人员进行技术分析与评价，必要时寻求外部专家支持，力求安全检查判断意见的完整正确。

5.2.10 检查过程中，检查人员根据现场安全检查发现问题情况，在报告检查带队负责人后，可调整检查路线，增加安全检查项目。

5.3 发现问题处理

5.3.1 当现场安全检查发现存在安全违法行为或者重大事故隐患时，应按"确认、记录、报告、通知"程序处理，具体要求如下。

a) 确认。当现场检查检测结果发现重大事故隐患，应由2名以上检查人员或经检查带队负责人确认。

b) 记录。对于检查发现的事故隐患与安全问题，应如实、准确、完整记录(包括文字记录、视频音频记录、询问笔录)，照片应标注日期与时间、地点、场所场馆(设备设施)名称与部位及实物缺陷尺寸，并加以必要的文字说明。

c) 报告。对于具有典型性，需要游乐园或其业务部门和班组排查的重大安全问题，还应向游乐园主要负责人报告，以便及时开展典型案例排查。

d) 通知。根据问题的严重程度，要求当场改进(事故隐患排除前或者排除过程中无法保证安全的，从危险区域撤出相关人员)、限期整改，或暂时部分项目(设备设施)停业或停用。

5.3.2 对于现场发现一般安全问题的处理，可口头通知并做好记录；对于现场发现的重大安全问题，应发出书面纠正处理通知。情况紧急时，可在现场先口头通知，当天检查工作结束时补发书面通知。

5.3.3 对于重大事故隐患，检查带队负责人应立即报告游乐园主要负责人，提出处理意见(建议)。游乐园应制定并落实重大事故隐患的治理方案，治理方案的内容应包括治理的目标和任务、采取的方法和措施、经费和物资的落实、负责治理的机构和人员、治理的时限和要求、安全措施和应急预案等。重大事故隐患排除后，经审查同意，方可恢复生产经营。

5.3.4 对于安全检查发现的违章指挥、违章作业行为，应立即予以制止，并视其严重程度，留有书面或音频或视频见证资料。

5.4 安全检查意见与整改封闭

5.4.1 现场工作结束后，检查组应提交安全检查汇总表和检查意见书。

5.4.2 游乐园主要负责人带队的安全检查，末次会议纪要可视为检查意见书。

5.4.3 现场安全检查工作结束后，根据发现事故隐患的严重性和解决的迫切性，被检查的游乐园或相关组织负责人，应及时落实整改责任人、整改期限和相关资源。对于具有典型性的安全问题，还应按期完成"三查三改"，向检查组提交整改完成证明材料。

5.4.4 检查带队负责人应跟踪检查发现问题的整改进度及完成情况，监督问题的彻底整改封闭。对于已到整改期限的，应确认整改工作是否完成。对于重特大安全风险的整改完成情况，应派人现场复查。对于一般性安全问题的整改(包括采取监护措施)，检查人员可进行整改材料确认，或在此后的安全检查过程中进行现场确认。

6 其他管理要求

6.1 总结与分析

6.1.1 现场安全检查工作结束后，应对所开展的检查工作进行总结，汇总分析安全检查数据、共性问题和典型案例以及本次安全检查工作中的不足，有针对性地采取改进后续检查工作措施。

6.1.2 应定期对不同时期、不同阶段、不同检查类别、不同被检查对象的各类检查发现，进行归纳总结，透过现象查本质，找出具有规律性的发展变化趋势，以此不断调整安全检查项目、种类、对象、重点与方式、方法。

6.2 检查纪律

6.2.1 对需要保密的文件资料、敏感信息等，检查人员应遵守保密规定。

6.2.2 不应带无关人员、有业务竞争或冲突人员开展现场安全检查工作。

6.2.3 安全检查人员应遵守游乐园工作纪律与作息时间。

6.2.4 进入危化品仓库、电力设备区域(变压器室、高低压配电室、发电机房等)、重要设备机房应有相应的专业人员陪同，不应私自进入。

6.3 档案与数据库

6.3.1 安全检查及整改结束后，检查组应及时收集整理安全检查资料和整改材料(记录、意见书、报告、检查相关证据资料及音像材料、会议纪要、整改回复及复查确认资料、检查质量抽查记录、简报通报、安全检查总结等)，提交给档案部门归档。

6.3.2 应按照GB/T 42104的相关要求，建立安全信息数据库系统，并将安全检查数据与其他相关数据建立关联关系，通过对数据的汇总与统计分析，及时发现安全管理中的疏漏，提前预警反复发现的安全问题及事故隐患，持续改进安全检查工作的全面性、针对性、有效性等。

附 录 A
（资料性）
安全检查项目表及相关示例

载人设备专项安全检查项目表示例见表 A.1，应急工作专项安全检查项目表示例见表 A.2，高峰客流专项安全检查项目表示例见表 A.3。

表 A.1 载人设备专项安全检查项目表示例

序号	检查总项目	检查分项目	检查内容	法规标准相关要求	检查方法	具体检查对象（区域或对象编号、名称）	检查结果	备注
1	登记注册	设备使用登记证	使用登记证有效期及张贴是否符合要求	使用登记证应在有效期内，现场张贴显著	现场检查			
2	法定从业人员	安全管理人员	是否配置安全管理人员（如特种设备安全管理负责人、特种设备管理员）及是否切实履职	持证安全管理人员总数与在岗人数应满足安全管理工作需要，并切实履职	现场检查			
3		操作、修理等人员	操作、修理等人员是否持证上岗	操作、修理等人员配置数量满足安全运营需要且持证上岗	查阅资料			适用于有相关资格要求的载人设备
4	监督检验与定期检验	载人设备定期检验	是否在检验有效期内	需定期检验的载人设备应在检验有效期内	查阅资料			
5		附属设备和装置检验	压力表、安全阀等附属设备和装置是否在检验有效期内	需定期检验的附属设备和安全装置应在检验有效期内	查阅资料			
6		监护运行项目	监护运行措施是否有效落实	法定检验报告监护运行措施应有效落实	查阅资料			如有监护运行项目
7		检验合格标志	检验合格标志是否张贴显著	检验合格标志应张贴在显著位置	现场检查			

表 A.1 载人设备专项安全检查项目表示例（续）

序号	检查总项目	检查分项目	检查内容	法规标准相关要求	检查方法	具体检查对象（区域或对象编号、名称）	检查结果	备注
8	制度文件	安全职责文件	游乐园安全管理体系文件是否建立健全岗位责任制。 岗位人员是否清晰知道自己的岗位安全职责	建立符合 GB/T 42104 要求的安全职责体系并有效落实	查阅资料 询问人员			
9		管理制度与作业指导文件	游乐园安全管理体系文件是否建立健全相关管理制度、作业指导文件。 岗位人员是否清晰知道本职工作涉及的管理制度和作业指导文件	建立符合 GB/T 42104 要求的安全管理体系文件并有效落实	查阅资料 询问人员			
10	安全风险识别与管控情况	安全风险识别情况	是否开展载人设备安全风险识别	应按照 GB/T 42103 要求的方法进行设备安全风险识别，掌握全园区载人设备风险底数与分布情况	查阅资料			
11		安全风险管控情况	是否对安全风险采取措施降低风险或有效防护，对事故隐患是否开展了排查治理	应采取措施降低风险或有效防护，对事故隐患应开展排查治理并消除	查阅资料 现场检查			
12	设备停用、启用	手续办理	停用、启用设备是否按要求向政府部门办理手续	停用、启用载人设备应办理手续	查阅资料			如有停用、启用设备
13	设备运行	实际运行情况	查看设备运行记录，设备是否按规定的参数运行	符合使用说明书或法定检验报告规定的参数运行	查阅资料			
14		异常	设备运行时是否存在异常	设备运行时无异常声响、异常振动、卡滞等现象	现场检查			

表 A.1　载人设备专项安全检查项目表示例(续)

序号	检查总项目	检查分项目	检查内容	法规标准相关要求	检查方法	具体检查对象(区域或对象编号、名称)	检查结果	备注
15	运行环境	自身环境	设备上方或周围是否存在坠物,操作室与机房是否堆放杂物,进出口是否保持畅通	自身运行环境无影响运行安全和游客安全的问题	现场检查			适用于大型游乐设施
16		外部环境	危化品储存与使用、燃气设备、电气设备设施、绿植、护坡、挡土墙等是否影响载人设备安全和游客安全	外部环境无影响运行安全和游客安全的问题	现场检查			
17		标志标识	人流方向指引、禁止界线、乘客须知与安全注意事项、身高标尺、载客装置内相关标志标识、游客活动区域安全指示、警示标志及疏散线路指示标识等设施是否规范,是否清晰可见	载人设备应按照要求设置相应安全标志标识,现场张贴应清晰可见	现场检查			
18		视频和广播	乘坐禁忌与注意事项等内容是否具体清晰,是否能有效告知到位	视频和广播具体清晰,应在排队区、乘坐等候区全程播放。对于乘坐安全要求较高的,乘坐或发车前再次确认	现场检查			
19	服务人员能力	操作能力	服务人员是否按规章操作	现场人员应按照规章制度、操作规程、服务人员守则进行操作	现场检查			适用于大型游乐设施、观光车
20		发现故障能力	现场考察服务人员是否具备发现故障能力	现场人员应具备发现故障的能力	询问人员			
21		识别风险能力	现场考察服务人员是否具备识别风险能力	现场人员应具备识别风险能力	询问人员			

表 A.1 载人设备专项安全检查项目表示例(续)

序号	检查总项目	检查分项目	检查内容	法规标准相关要求	检查方法	具体检查对象(区域或对象编号、名称)	检查结果	备注
22	服务人员能力	应急处置能力	现场考察服务人员是否具备应急处置能力。工作场所是否配置现场应急处置方案流程图	现场人员应熟练掌握应急处置方法与流程	询问人员 现场检查			
23	操作与服务	乘坐限制	服务人员是否检查核对乘坐条件	载人设备每次运行前,服务人员应检查核对乘坐条件符合情况	现场检查			适用于大型游乐设施、观光车
24		安全注意事项讲解	服务人员是否及时、完整地向游客讲解安全注意事项	载人设备每次运行前,服务人员应向游客讲解安全注意事项	现场检查			
25		安全装置检查	服务人员是否细致检查安全装置	载人设备每次运行前,服务人员对安全装置逐一进行了检查确认	现场检查			
26		游客行为关注	服务人员是否密切关注游客行为	载人设备运行时,服务人员密切注意游客动态,及时制止游客危险行为	现场检查			
27		运行过程广播	运行广播是否功能正常	运行中保持广播可靠	现场检查			
28		游客引导	服务人员是否正确引导游客出入	服务人员应有效引导游客,保持出入畅通、无阻滞	现场检查			
29	自检维护	检查维护项目	检查维护项目是否齐全完整	项目、周期与频次、比例、方法、重点应符合设备使用维护说明书、相关特种设备安全技术规范与本单位作业指导文件规定	查阅资料			

表 A.1 载人设备专项安全检查项目表示例(续)

序号	检查总项目	检查分项目	检查内容	法规标准相关要求	检查方法	具体检查对象(区域或对象编号、名称)	检查结果	备注
30	自检维护	检查维护记录	询问作业人员如何开展检查维护,与作业指导文件对比,判断作业人员是否按照作业指导文件开展检查维护。 对记录中的检查项目存在疑问时,用携带的检查工器具进行抽查、复核	载人设备检查维护人员应按照本单位制定的作业指导文件开展检查维护,如实填写检查维护记录	查阅资料			
31		整改封闭	检查所发现的问题是否整改封闭	问题整改应符合具备可追溯性、整改后复查封闭、复查与发现问题对应	查阅资料			
32		质量管控	日常检查是否有相应的质量管控措施	质量管控应有运营人员与工程维修人员交接班相关制度、有检查与质管人员签字、现场工作有质量监督、发现重大问题及时报告与处理	查阅资料			
33		工器具	检查检测、维护保养工器具是否齐全完整、按期计量	检查检测、维护保养工器具应齐全完整,有计量要求的工器具应按期计量	现场检查			
34	安全档案情况	建档情况	是否逐台建立载人设备安全档案	应逐台建档	查阅资料			
35		档案内容	档案内容是否齐全完整	档案内容应齐全完整,反映设备原始情况及投用后的变化情况	查阅资料			

表 A.2 应急工作专项安全检查项目表示例

序号	检查总项目	检查分项目	检查内容	法规标准相关要求	检查方法	具体检查对象（区域或对象编号、名称）	检查结果	备注
1	应急组织机构与人员	应急领导小组	是否建立应急领导小组并明确职责	建立由游乐园主要负责人及相关负责人、主要业务部门负责人等组成的应急领导小组，并按照相关规定明确各自职责	查阅资料			
2		应急管理机构	是否建立应急管理机构并明确职责	建立应急工作的日常管理机构(部门)，并按照相关规定明确其职责	查阅资料			
3		应急指挥	是否明确应急指挥与相关管理人员及其职责	明确应急总指挥、现场应急指挥及应急职能小组长等应急管理人员，按要求设置A、B角，并按照相关规定明确各自职责	查阅资料			
4		应急救援队伍	是否建立应急救援队伍并明确职责	建立由具备相应专业资格或知识、实际技能、熟悉应急处置现场情况、体能较好等条件的人员组成的专业化或半专业化的应急救援队伍，并按照相关规定明确各自职责	查阅资料			
5	应急机制与相关制度文件	应急机制	是否建立切实可行的应急机制	游乐园建立内、外部关于应急联络沟通、应急预案衔接、应急技术方法与应急资源共享、应急队伍互补互助、联合应急演练、应急救援联动、应急信息管理等方面的应急协同工作机制	查阅资料			
6		应急管理制度	是否建立应急管理制度	建立应急设备设施与物资等应急保障条件的管理与维护、从业人员应急知识与技能的培训、应急救援人员专业培训、应急预案管理、应急救援演练、应急风险评估、应急值班值守、应急信息管理、应急对外联络、应急工作检查等方面的管理制度	查阅资料			

表 A.2　应急工作专项安全检查项目表示例（续）

序号	检查总项目	检查分项目	检查内容	法规标准相关要求	检查方法	具体检查对象（区域或对象编号、名称）	检查结果	备注
7	应急机制与相关制度文件	应急作业指导文件	是否建立应急设备设施与工器具的安全操作规程	建立各类应急设备设施与工器具的安全操作规程	查阅资料			
8	应急保障能力	应急设备设施与工器具	应急设备设施与工器具的配置是否满足要求	根据游乐园应急预案和实际应急工作需要，配备满足应急工作数量与能力的常规设备设施、工器具与个体防护装备，确保状态良好，并建立清单	查阅资料 现场检查			
9		应急外援	是否建立应急外援保障	与可提供应急援助的政府管理部门（应急办、市场监管、公安、消防、交通等）、地方政府应急主管部门、医院，以及其他应急外援机构建立保障条件	查阅资料			
10		应急避难场所	是否建立应急避难场所	游乐园规划、建设应急避难场所，并对应急避难场所进行有效维护，避免被挤占	现场检查			
11	应急预案	应急预案体系	是否建立应急预案体系	建立由综合应急预案、综合性应急预案（综合性实战类型的应急预案）、专项预案、现场处置方案组成的应急预案体系	查阅资料			
12		综合应急预案	是否建立综合应急预案	建立从总体上阐述突发事件与安全事故的应急工作原则，包括游乐园的应急组织机构及职责、应急预案体系、安全风险描述、预警及信息报告、应急响应、保障措施、应急预案管理等内容的综合应急预案	查阅资料			综合应急预案可作为安全管理体系的应急程序文件
13		综合性应急预案	是否建立综合性应急预案	建立针对性明确、可实操演练的跨专业、跨单位的综合性实战类型的应急预案	查阅资料			

表 A.2 应急工作专项安全检查项目表示例(续)

序号	检查总项目	检查分项目	检查内容	法规标准相关要求	检查方法	具体检查对象(区域或对象编号、名称)	检查结果	备注
14	应急预案	专项应急预案	是否建立各类专项应急预案	建立游乐园可能涉及的各种类型突发事件与安全事故的应急预案	查阅资料			
15		应急现场处置方案	是否建立各应急现场处置方案	建立与综合性、专项应急预案相对应的分区域、分项目、分步骤等的,防范事态进一步扩大的现场应急处置措施(方案)	查阅资料			
16		应急预案分级管理	是否对应急预案进行分级管理	应急预案应按应急救援事项的重要程度、应急预案适用的相关组织、应急实施的地域等因素,对应急预案进行分级管理	查阅资料			
17		应急预案评审	是否定期开展应急预案评审	定期开展应急预案的内、外部评审	查阅资料			
18		应急预案修订	是否适时修订应急预案	根据应急预案评审、演练、实际应急情况,按照相关规定,定期或不定期修订应急预案	查阅资料			
19	应急教育培训与应急演练	应急教育培训	是否制定并落实应急教育培训计划	制定并落实从业人员的应急教育培训计划(含应急预案的培训),培训计划应项目完整、内容齐全	查阅资料			
20		应急演练	是否制定并落实应急演练计划	制定并落实应急演练计划,演练计划的齐全完整性、演练频率、演练时机、演练指挥人员应符合要求	查阅资料			
21			有否存在开展的应急演练无对应应急预案的情况	根据应急预案制定应急演练方案,并开展应急演练	查阅资料			

表 A.2 应急工作专项安全检查项目表示例（续）

序号	检查总项目	检查分项目	检查内容	法规标准相关要求	检查方法	具体检查对象（区域或对象编号、名称）	检查结果	备注
22	应急教育培训与应急演练	应急演练	应急演练是否进行评估与总结	每次应急演练后，进行评估与总结	查阅资料			
23	应急工作管理	应急工作计划	是否制定并落实应急工作计划	制定并落实包括完善应急机构、制修订应急预案、完善应急基础工作、开展应急工作检查等内容的应急工作计划(属于游乐园年度安全工作计划的一部分)，且工作目标、项目内容等齐全	查阅资料 现场检查			
24		应急工作检查	是否按照管理制度的要求开展应急工作检查	按照应急相关管理制度的要求，定期或不定期对应急工作情况开展检查和整改	查阅资料 现场检查			
25		应急工作总结	是否定期开展应急工作总结	至少每年对应急工作计划的落实情况进行总结分析与改善	查阅资料			
26		应急档案	是否建立应急档案	建立包含应急体系文件及相关文件资料、应急预案、应急处置与救援资料等方面的应急档案	查阅资料			
27	应急实施	应急实施	发生安全事故时，应急实施各流程（过程）是否满足相关管理制度和应急预案的要求	应急响应与前期处置、组织实施现场救援、应急终止、应急信息的管理等应急实施的各流程（过程）满足相关管理制度和应急预案的要求	查阅资料 现场检查			
28		当次应急总结	每次应急实施后，是否开展当次应急总结	每次应急实施后，进行当次应急总结分析与改善	查阅资料			

表 A.3　高峰客流专项安全检查项目表示例

序号	检查总项目	检查分项目	检查内容	法规标准相关要求	检查方法	具体检查对象（区域或对象编号、名称）	检查结果	备注
1	高峰客流相关制度文件	程序文件	是否建立高峰客流管控相关的程序文件及记录表格	制度文件包含高峰客流期间(含节假日、寒暑假等旅游旺季、大型群体性活动等)人员密度监测、预警与调节管控、应急准备、现场引导疏散，以及承载量(园区、人员密集场地场馆、拥挤堵点)界定要求等内容，明确规定运营过程中常规客流量、最大客流量、局部可允许最大客流量等要求	查阅资料			
2		作业指导文件	是否建立与程序文件对应的作业指导文件及记录表格		查阅资料			
3		应急预案	是否建立高峰客流应急预案，并定期开展演练	应急预案包含组织管理要求、设备设施管理要求、信息管理要求、人员保障要求、资金保障要求、物资保障要求、分级对应要求等内容，并定期开展演练，尤其是在高峰客流来临前应完成应急演练	查阅资料			
4	游乐园承载量	瞬时、日最大承载量	是否报批并核定瞬时最大承载量和日最大承载量	对游乐园的承载量进行计算、报批并核定	查阅资料			
5	防范踩踏硬件条件	活动路线瓶颈	游客主通道或易产生拥堵之处是否存在瓶颈	避免产生游客活动路线瓶颈，应在建造主要游客活动路线时，实施等宽(无缩颈)、平直(避免台阶和较大坡度)、单向(防对冲)等原则，并考虑特殊情况下(如演出散场)人流集中情况	现场检查			
6		活动路线对冲	是否存在活动路线对冲区域	游客活动路线采用单向原则，并根据实际情况有灵活分隔措施	现场检查			

表 A.3 高峰客流专项安全检查项目表示例(续)

序号	检查总项目	检查分项目	检查内容	法规标准相关要求	检查方法	具体检查对象(区域或对象编号、名称)	检查结果	备注
7	防范踩踏硬件条件	防摔防绊	游客通道是否存在障碍,尤其是引发滑倒或绊摔的地面障碍或台阶	游客通道地面应平整、防滑,井盖、格栅等与周边地面高差不宜超过±5 mm,间隙不超过5 mm,台阶的建造符合相关规范及标准	现场检查			
8		活动路线留有余地	游客活动路线是否预留缓冲区域、疏散场所、应急通道	根据游客活动路线的管控需要,在活动路线设计时,应预留工作通道、应急通道、缓冲区域、疏散场所等	现场检查			
9	高峰客流管控	高峰前准备	是否实施高峰客流分析,核对承载量和应对高峰能力	高峰客流前,通过客流预测、历史客流信息及经验教训、场所变动情况、承载量等数据的收集、分析、测算,确定高峰客流管控方案	查阅资料			
10		高峰中管控	高峰客流期间,是否实时监测整体和局部人群密度,识别趋势,做好预报及通报,及时疏导	按照高峰客流管控方案和措施实施现场管控	查阅资料			
11			高峰客流期间,是否制定并采取针对性的管控措施	1) 现场秩序维护及管理措施; 2) 容易拥堵或客流流动缓慢处(桥梁、狭窄路段、台阶、进出口、售货亭与餐饮点等障碍处)人员管控及疏导措施; 3) 对于超过最大允许客流量的景点、场馆、设备设施的截流管控措施	查阅资料			

表 A.3 高峰客流专项安全检查项目表示例（续）

序号	检查总项目	检查分项目	检查内容	法规标准相关要求	检查方法	具体检查对象（区域或对象编号、名称）	检查结果	备注
12	高峰客流管控	高峰中管控	现场环境条件发生变化时，是否及时调整管控方案	当出现突发恶劣天气时，局部客流高峰、堵点会发生变化，应根据实际情况及时调整并落实高峰客流管控方案	查阅资料			
13		高峰后总结	高峰客流后，是否及时进行总结分析与改善	高峰客流后，收集各级人员的高峰客流应对总结，分析风险点与管控的不足，总结经验与教训，完善相应软硬件（当园区改扩建后运营面积发生变化时，应对高峰客流相关制度文件及应急预案作相应修改）	查阅资料			
14	安全培训	高峰客流管控培训	是否对高峰客流管控人员及临时工作人员（例如，暑期临时工、兼职人员等）进行培训	高峰客流前，开展高峰客流现场安全要求、高峰客流管控措施、应急处置方案、现场秩序维护和游客疏导措施等方面内容的培训。必要时，适时进行补充培训	查阅资料			

ICS 97.200.40
CCS Y 57

中华人民共和国国家标准

GB/T 42103—2022

游乐园安全　风险识别与评估

**Amusement park safety—
Risk identification and assessment**

2022-10-12 发布　　2022-10-12 实施

国家市场监督管理总局
国家标准化管理委员会　发布

前言

本文件按照 GB/T 1.1—2020《标准化工作导则 第1部分：标准化文件的结构和起草规则》的规定起草。

请注意本文件的某些内容可能涉及专利。本文件的发布机构不承担识别专利的责任。

本文件由全国索道与游乐设施标准化技术委员会(SAC/TC 250)提出并归口。

本文件起草单位：广东长隆集团有限公司、中国特种设备检测研究院、广州长隆集团有限公司、珠海长隆投资发展有限公司、珠海长隆投资发展有限公司海洋王国、广州长隆集团有限公司香江野生动物世界分公司、广州长隆集团有限公司长隆夜间动物世界分公司、广州长隆集团有限公司长隆开心水上乐园分公司。

本文件主要起草人：蒋敏灵、林伟明、沈功田、宋伟科、贺水勇、张勇、付恒生、蒲振鹏、梁朝虎、田博、甘兵鹏、赵强、王和亮、郭俊杰、向洪飞、黄鹤、陈永振、廖启珍、张丹、周泽武、吴海明、钟怀霆、赵丁、刘斌、蒋森、王勇、张鹏飞。

游乐园安全 风险识别与评估

1 范围

本文件规定了游乐园安全风险识别与评估工作的基本要求。

本文件适用于游乐园安全风险管理。旅游景区可参照执行。

2 规范性引用文件

下列文件中的内容通过文中的规范性引用而构成本文件必不可少的条款。其中,注日期的引用文件,仅该日期对应的版本适用于本文件;不注日期的引用文件,其最新版本(包括所有的修改单)适用于本文件。

GB/T 42101—2022 游乐园安全 基本要求

GB/T 42104 游乐园安全 安全管理体系

3 术语和定义

GB/T 42101—2022 界定的以及下列术语和定义适用于本文件。

3.1

安全风险 safety risk

游乐园生产运营中存在的潜在危险(源)。

注:安全风险特点体现为发生与否的不确定性、发生地点或位置的不确定性、发生时间的不确定性和导致结果的不确定性等。

3.2

风险识别 hazard identification

识别、确认游乐园安全风险的存在,并确定其分布和特性的过程。

3.3

风险评估 risk assessment

在游乐园安全风险识别的基础之上,采用科学、合理的定性或定量分析、评价方法,对其种类、性质、导致事故的可能性、危害程度以及可接受程度等,予以显化并明晰与界定。

3.4

危险源 hazard

游乐园内可能导致人身伤害的来源,是可能发生意外释放的能量(能源)、能量载体、危险物质等根源危险源,及与其直接关联的事故隐患共同构成的组合。

3.5

事故隐患 hidden danger

违反国家安全相关法规、标准和游乐园安全管理制度规定,或者因其他因素,在生产运营中存在可能导致事故发生的管理缺陷、人的不安全行为、物的不安全状况、环境不良因素等。

3.6

风险管控 risk control

根据安全风险评估的结果及游乐园生产运营情况等,确定优先控制的顺序,采取工程、技术、管理等措施，消除或减小安全风险，将安全风险控制在可以接受的程度，预防安全事故的发生。

4 基本要求

4.1 明确机构与职责

4.1.1 作为承担安全风险识别与评估的责任主体，游乐园应按 GB/T 42101—2022 中 5.2 的规定，确定安全风险识别与评估机构，建立安全风险识别与评估组织体系与工作机制。

4.1.2 安全风险识别与评估工作参与人员应包括游乐园各级组织负责人、管理人员与专业技术人员、从业人员。游乐园应明确并落实安全风险识别与评估各级组织的工作职责，确保安全风险识别与评估工作全面、系统、有效开展。

4.2 划定范围与重点

4.2.1 安全风险识别与评估范围应覆盖所涉及的全地域、全时段、全范围、全过程、全部管理对象，避免安全风险识别与评估的缺失导致出现安全管理空白。

4.2.2 安全风险识别应包括对安全管理对象的总体安全风险(包括其相关安全风险叠加总和)、分类风险识别及具体安全风险识别等三方面工作。

4.2.3 安全风险识别与评估重点是游乐园范围内的重要场地环境、重要建(构)筑物、重要设备设施、重要业务活动与重要作业活动(常规与非常规活动)，应优先从以上重点中识别与评估安全风险并加以消除、减轻或控制。

4.3 建立管理制度文件

游乐园应按 GB/T 42104 的要求，建立健全风险识别与评估程序文件与相关作业指导文件，确定安全风险识别与评估方法及等级判定标准，实现安全风险识别与评估工作的制度化、常态化、重点化。

4.4 落实教育培训

4.4.1 游乐园应制定并实施分层级、分阶段的安全风险识别与评估教育培训计划，使相关人员掌握安全风险识别、评估方法。

4.4.2 应保存教育培训工作记录，且教育培训效果应经考核确认，切实取得实效。

4.5 考核与奖惩

应对各层级管理人员、安全风险识别与评估工作组员、相关从业人员的安全风险识别与评估工作履职情况，按期进行考核与奖惩。

5 风险识别

5.1 风险识别原则

风险识别应遵循以下原则：

a) 全面覆盖、突出重点原则；

b) 正常、异常、紧急情况兼顾原则；

c) 管理责任明确、边界清晰、功能独立、大小适中、易于分类的风险识别单元划分原则。

5.2 风险识别方法

5.2.1 应按生产运营工作流程或作业阶段，对受环境影响的区域，功能独立建(构)筑物、场所、装置、设备设施等,或上述几种方式的结合进行安全风险识别。

5.2.2 开展安全风险识别工作时,首先确定其根源危险源及其所在地理位置(是否为人员密集场地场馆等),再识别与之直接关联的事故隐患,将两者叠加进行识别分析。对于独立于根源危险源而存在的事故隐患开展识别时,可先对物的不安全状况、环境不良因素、管理缺陷或人的不安全行为分别进行识别,以确认其为单一事故隐患还是两种及以上事故隐患构成的复合型事故隐患。

5.2.3 安全风险识别方法可采用包括但不限于以下一种或多种方法。

a) 直接认定法:直接按国内外同行业安全风险资料直接判定。
b) 经验法:按识别内容,结合以往经验进行识别;经验法可以由游乐园相关专业技术人员和各层级管理人员进行判断,安全风险识别参考清单见附录A。
c) 运营或工作流程分析法:列举管理范围内的全部运营或工作流程清单,对清单中可能出现的安全风险进行逐项、逐条分析。
d) 专家调查列举法:成立安全风险识别专家小组,可由现场人员、相关专业技术人员、各级管理人员和安全管理人员组成,逐个列举存在的或可能存在的安全风险。
e) 现场调查(排查法):询问与交流、现场检查、审查、观察、工作任务分析等。
f) 安全检查表识别法:识别小组按识别内容编制安全检查表进行识别,确保安全风险识别的充分性、有效性。
g) 类比法:利用相同或相似经验、安全风险统计资料、安全风险案例等进行类推、分析认定。
h) 头脑风暴法:由安全风险识别工作小组人员在正常融洽和不受任何限制的气氛中以会议形式进行讨论、座谈,打破常规,积极思考,畅所欲言,充分列举安全风险。
i) 法规、标准对比法:根据识别的适用的法律法规、标准要求,对比识别游乐园安全风险。

5.3 风险识别对象

5.3.1 游乐园安全风险识别应根据GB/T 42101—2022中通用安全要素与专项安全要素进行初步划定识别对象,包括但不限于下列方面。

a) 场地环境:
   1) *新增运营项目场地环境;
   2) 现有场地环境、森林火灾防御、自然灾害防御、应急疏散与避难等方面;
   3) *场地环境发生重大变化(如改建、扩建项目引起场地环境改变、发生可能影响安全的自然灾害、临时区域管控重新设定或改动原有游客活动路线等)方面;
   4) *闲置场地环境重新投入运营使用;
   5) 人员密集场地场馆环境应急处置过程(可预先根据应急预案制修订文件与演练方案进行识别)。
b) 建(构)筑物:
   1) *新建、改建、扩建或重大维修的重要建(构)筑物[包括消防、燃气电气安全、高空吊挂物、建(构)筑物本体及建筑装饰物、应急疏散通道等],或可能存在安全风险的其他建(构)筑物投入使用前;
   2) 现有建(构)筑物设置、建造环节遗留的问题、安全质量缺陷;
   3) 发生可能影响安全的自然灾害后重新投入使用;
   4) *人员密集场地场馆停用3个月以上,其他建(构)筑物停用6个月以上重新投入使用;
   5) 现有建(构)筑物使用、维护、修理改造过程;
   6) *人员密集场地场馆与大型商业综合体应急处置过程(可根据应急预案制修订文件与演

练方案进行识别)。

c) 设备设施:
   1) *新建、改建、扩建、移装、修理或改造的重要设备设施(包括设备设施本体及作业工艺),以及存在安全风险的设备设施与工器具;
   2) 发生重大故障、安全事件事故或多次发生故障;
   3) 现有设备设施设计、制造,及安装(修理改造)施工环节遗留的安全质量缺陷;
   4) *重要设备设施工艺流程(控制要求、顺序、方法、材料等)发生重大变更;
   5) *发生可能影响安全的自然灾害后重新投入使用;
   6) *闲置、停用3个月以上的重要设备设施及其系统,以及闲置、停用6个月以上的其他存在安全风险的设备设施;
   7) 现有设备设施运营使用、维护、修理改造过程;
   8) *载人运营设备设施应急处置过程(可根据应急预案制修订文件与演练方案进行识别)。

d) 重要作业:
   1) 特种设备作业、特种作业、危险作业、其他作业(包括应急疏散作业、救援作业、交叉作业、相关方作业,以及存在安全风险的临时作业等);
   2) *可能存在安全风险的作业指挥活动;
   3) *首次重要作业或存在安全风险的临时作业、施工作业;
   4) *重要作业工艺或方案制修订。

e) 业务活动:
   1) 新运营项目/活动方案策划或重大变更;
   2) *新增设的运营项目/活动(包括增加临时性活动);
   3) 高峰客流、大型活动、特色业务活动;
   4) 游客活动、员工与外来相关方人员(如施工作业或交叉作业)涉及运营安全相关活动;
   5) 运营应急处置过程(可根据应急预案制修订文件与演练方案进行识别);
   6) 其他存在安全风险的业务活动。

f) 其他方面:
   1) 发生人员伤亡事故(本单位发生事故及其他游乐园发生可供借鉴事故);
   2) 发生重大气象灾害或地质灾害后;
   3) 危险物品的采购、运输、储存、使用管理及废弃处理等方面;
   4) 动物繁育、驯养、表演、展馆、笼舍安全管理等方面;
   5) 外部提供资源、服务、施工等影响游乐园安全方面的危险;
   6) 丢弃、废弃、拆除与处置;
   7) 管控措施安全可靠性;
   8) 组织机构发生重大调整;
   9) 当安全风险识别与评估知识或方法改变并认为有必要时;
   10) 法规、标准等增减、修订变化所引起安全风险程度的改变,或政府安全监督管理部门提出要求;
   11) 外界情况发生变化,导致安全风险变化的其他情况。

注:“*”表示游乐园开始生产运营或开展相关工作的前置条件。

5.3.2 开展安全风险识别时,通过访谈、讨论、调研、查阅档案资料等方法,组织员工对场地环境、建(构)筑物、设备设施、危险物品、业务活动与作业活动等安全风险识别对象进行系统性梳理,按5.1的规定合理划分安全风险识别单元。

5.3.3 下列事故隐患，作为根源危险源的关联条件进行识别。当事故隐患独立于根源危险源存在时，应单独对其进行风险识别。

a) 物的不安全状况：
   1) 设备设施超过设计允许参数范围使用；
   2) 设备设施、建(构)筑物及其附着物等设置不当产生安全风险；
   3) 人员活动区域(尤其是人员密集场地场馆)的设备设施、建(构)筑物及其附着物，以及有毒有害的危险物品，未设置安全装置或有效防护的，具有爆炸、撞击、坠物、倒塌、脱落等危险；
   4) 应设置安全防护设施或安全装置(含应急设施)的设备设施、建(构)筑物及其附着物、危险物品等未设置，设置不全，已设置的可靠性差或损坏无效；
   5) 设备设施、建(构)筑物及其附着物、安全防护设施与安全装置存在建造或使用过程中产生的安全缺陷；
   6) 设备设施、建(构)筑物及其附着物等年久失修，安全状况不清；
   7) 设备设施多次发生影响安全的故障；
   8) 发生自然灾害致使设备设施、建(构)筑物及其附着物安全状况不清；
   9) 物的其他事故隐患。
b) 环境不良因素：
   1) 生产运营项目场地环境选择、园区规划与布置、生产运营项目设置、道路与人员活动路线设置，以及其他相关事故隐患等；
   2) 危险物品仓库(包括中间仓与临时储存点)等，设置在人员密集场地场馆；
   3) 应设置安全防护设施、应急避难设施的人员活动区域未设置，或设置不符合要求；
   4) 由于自然灾害、人员活动场地改建、扩建等产生的环境有害因素；
   5) 由于高峰客流导致场地场馆产生人流拥挤、对冲的环境；
   6) 出现温度、湿度、光照度等缺陷或有毒有害气体聚集的环境；
   7) 其他。
c) 管理缺陷或人的不安全行为：
   1) 应进行安全分析论证的建设项目(包括设备设施)、业务活动方案或重要作业方案等未开展论证，致使存在先天事故隐患；
   2) 设备设施、建(构)筑物等未办理相关许可手续，非法使用；
   3) 应按法规、标准或规章制度开展竣工验收的建设项目或设备设施，以及应开展自检维护、定期检验检测、安全评估等的设备设施、建(构)筑物及其附着物、安全防护设施与安全装置等，未开展相关工作，或经检查、检验检测判定为不合格的，继续使用；
   4) 有设计使用寿命的设备设施、建(构)筑物及其附着物、安全防护设施与安全装置等，超设计使用寿命使用；
   5) 发生自然灾害未对设备设施、建(构)筑物及其附着物、安全防护设施与安全装置、场地环境安全状况开展检查排查；
   6) 安全检查巡查发现典型问题、多次发生设备故障或发生安全事故，不开展全面排查整改；
   7) 应设相关安全岗位未设岗位，重要安全事项或物体无人管；
   8) 已设岗位的，无岗位职责或内容缺失；

9） 未建立相关安全体系文件，或未采取有效管控措施；

10） 有相关安全体系文件，但必要管控条款缺失、错误或不具有操作性；

11） 未按规定制定应急预案，或未开展应急演练；

12） 相关人员不履行岗位职责，不遵守安全体系文件；

13） 作业人员不遵守工艺规程或作业方案，违章指挥或作业失误；

14） 应有持证要求的法定从业人员未持证或超过有效期；

15） 应经过专业能力培训人员未经过必要培训，能力欠缺；

16） 其他管理缺陷或人的其他不安全行为。

5.4 风险识别记录

游乐园应在每一轮安全风险识别后，按 5.2.2 的要求，将安全风险中的根源危险源、事故隐患以及潜在安全事故类型列表登记，综合归纳，编制安全风险识别及评估记录表（见附录 B），并按规定及时更新。

6 风险评估

6.1 风险评估工作要求

6.1.1 在划定安全风险等级时，应充分、全面识别与根源危险源直接关联的事故隐患，共同组合判定，特别应注重那些高危但低认知度，又存在环境不良因素、管理缺陷、物的不安全状况或人的不安全行为的安全风险。

6.1.2 游乐园也可结合自身可实际接受安全风险等级情况，重新制定事故发生的可能性、严重性、风险等级值的取值标准，并据此划分风险等级，进行安全风险等级评估。重新制定取值标准和安全风险等级时，应充分考虑以下要求：

a） 现行法律法规、国家标准、行业标准等；

b） 安全生产方针和目标等；

c） 安全管理情况；

d） 历年安全检查发现问题情况；

e） 历年安全事故情况；

f） 游客安全投诉；

g） 其他。

6.1.3 初步完成安全风险识别与评估工作后，游乐园应组织对重大安全风险进行复核，复核内容包括：

a） 判定的安全风险等级是否合理；

b） 采取或补充完善的重大安全风险消除、减轻或控制措施与方法是否适用；

c） 其他需要复核的内容。

注：“重大安全风险”指 6.3 的“1 级安全风险”与“2 级安全风险”。

6.2 风险等级分析

6.2.1 游乐园应对安全风险识别及评估记录表中已识别的安全风险进行风险等级分析，本文件安全风险等级分析的方法采用风险矩阵法，见公式(1)：

$$R = S \times L \qquad (1)$$

式中：

R ——风险等级值，事故发生的可能性与事故后果的严重性结合；

S ——事故后果严重性(根源危险源的破坏能量大小以及所处位置可能造成人员死伤数量情况，见表1)；

L ——事故发生可能性，按公式(2)计算。

注1：风险等级指人身伤害安全事故发生的可能性和严重性的组合。

注2：可能性指安全事故发生的概率。

注3：严重性指安全事故一旦发生后，将造成的伤亡人数和人身伤害的严重程度。

6.2.2 严重性等级应能体现根源危险源拥有的破坏能量大小以及所处位置可能造成人员死伤数量的后果，其 S 值按表1对照取最大值(如当锅炉、燃气管道或危险物品等设置在人员密集场地场馆与设置在空旷后勤场地时的情况，S 值不同)。

表1 安全事故发生后果严重性 S 值对照表

S 值	说明	可能损害后果		
		人员伤亡	高空滞留	部分事故举例
5	影响特别重大	造成1人及以上重伤或死亡	—	a) 过山车撞车、客运索道吊厢坠落； b) 位于人员密集场地场馆的锅炉、压力容器爆炸； c) 人员密集场地场馆内高空悬吊挂物坠落、电气火灾导致拥挤踩踏事故； d) 位于林地的人员密集游乐项目起火； e) 水上游乐园涉水电气缺陷造成多人触电
4	影响重大	造成6人及以上轻伤，或30人及以上轻微伤	电梯轿厢或客运索道高空滞留人员1 h以上，大型游乐设施高空滞留30 min以上	
3	影响较大	造成3人～<6人轻伤，或10人～<30人轻微伤	电梯轿厢或客运索道高空滞留人员30 min以上，1 h以下；大型游乐设施高空滞留15 min以上，30 min以下	
2	影响一般	造成1人～<3人轻伤，或5人～<10人轻微伤	电梯轿厢或客运索道高空滞留人员30 min以下，大型游乐设施高空滞留15 min以下	
1	影响较小	轻微伤少于5人	—	

6.2.3 安全事故发生可能性等级应体现导致约束、限制根源危险源固有能量措施失效或破坏的相关事故隐患的影响程度。

6.2.4 安全事故发生可能性 L 值应综合考虑物的不安全状况、环境不良因素、人的不安全行为和管理缺陷，并叠加计算，见公式(2)：

$$L=\sum T_i+\sum E_j+\sum H_k \qquad (2)$$

式中：

L ——事故发生可能性；

T_i ——可根据附录A系统辨识事故隐患后，对照表2中"物的不安全状况"对应取值；

E_j ——可根据附录A系统辨识事故隐患后，对照表2中"环境不良因素"对应取值；

H_k ——可根据附录A系统辨识事故隐患后，对照表2中"管理缺陷或人的不安全行为"对应取值。

表 2 事故隐患可能性取值对照表

分值	说明	物的不安全状况(T_i)	环境不良因素(E_j)	管理缺陷或人的不安全行为(H_k)
5	极有可能	如识别出 5.3.3a)中 1)、3)、6)、7)	如识别出 5.3.3b)中 2)	如识别出 5.3.3c)中 1)、2)、14)、16)
4	很有可能	如识别出 5.3.3a)中 2)、4)、5)	如识别出 5.3.3b)中 3)、5)、6)	如识别出 5.3.3c)中 3)、4)、13)
3	可能	如识别出 5.3.3a)中 8)	如识别出 5.3.3b)中 1)、4)	如识别出 5.3.3c)中 5)、6)、7)、8)、9)、10)、11)、12)、15)
2	较不可能	识别的物的不安全状况影响较小	识别的环境有害因素影响较小	已指定人员管理，相关岗位职责明确，人的不安全行为导致的影响较小
1	基本不可能	均已有效采取管控措施，且 5 年内本游乐园未发生过同类事故		
注 1：本表未列明的，可参考同类取值。 注 2：可以采取头脑风暴法确定最终 L 值取值。 注 3：L 值确定可根据安全风险识别人员的专业知识、经验、现场发现安全风险的实际状况，以及所采取的安全管理措施、方法、防范技术手段的完整有效性等情况进行综合判断。				

6.3 风险等级评估

安全风险等级评估是指将确认后的事故后果严重性(S)与事故发生可能性(L)进行计算后，得出其安全风险等级(见表 3)。

表 3 风险等级划分

R 值	风险等级	色标
$R>240$	1 级安全风险	红色
$180<R\leqslant240$	2 级安全风险	橙色
$120<R\leqslant180$	3 级安全风险	黄色
$60<R\leqslant120$	4 级安全风险	蓝色
$R\leqslant60$	5 级安全风险	绿色
注：1 级安全风险、2 级安全风险统称为"重大安全风险"。		

7 风险管控

7.1 管控原则

应对识别出的安全风险采取对应的管控措施，并应遵循以下管控原则。

a) 源头管控：关口前移，对新环境、新建(构)筑物、新设备设施等在前期阶段产生的安全风险进行管控。

b) 分级管控：按照"分级别、按区域、网格化"的原则，根据安全风险等级确定管控的层级，逐级落实具体措施,实施有针对性、差异化的管控。

c) 重点管控:重大安全风险、游客前场运营区域及其邻近区域的3级安全风险、技术复杂操作难度大的作业安全风险进行重点管控。

d) 动态管控:任何安全风险都是动态变化的,针对现场变化的情况及类比事故情况,及时主动调整安全风险管控方式、方法、措施与重点。

7.2 管控措施

7.2.1 6.3规定的5级安全风险为游乐园可接受的安全风险,可不对其采取管控措施。游乐园也可根据本单位实际情况,对其采取适当的管控措施。

7.2.2 对需要进行管控的安全风险应采取下列一项或多项有针对性措施予以消除或降低安全风险等级:

a) 制止(事故隐患);

b) 停止运营(安全风险存在人员密集场地场馆且在采取管控措施后仍为1级安全风险,该人员密集场地场馆应停止运营);

c) 调整、移除、替代或限制能量(根源危险源);

d) 消除或改善先天缺陷;

e) 有效安全防护(包括物质防护、距离与时间防护等);

f) 实时监测、监控;

g) 报警与安全联锁;

h) 标志标识与安全风险告知;

i) 配置专兼职人员现场管控;

j) 健全完善安全职责与安全管理体系文件并严格落实;

k) 检查巡查与排查;

l) 专项治理;

m) 教育培训与行为措施;

n) 有针对性的应急准备;

o) 其他。

7.2.3 游乐园应对安全风险采取管控措施情况(包括对6.2.4中L值的各项事故隐患进行销项处理情况)予以汇总,形成消除或降低安全风险情况清单。

7.2.4 重新进行安全风险识别评估时,应对采取的相关安全风险管控措施是否可能导致新的安全风险列入识别内容。

7.2.5 需要通过工程技术措施和(或)技术改造才能控制的安全风险,应制定控制该类安全风险的目标实施方案。

7.2.6 属于经常性或周期性工作中的不可接受安全风险,不需要通过工程技术措施,但需要制定新的文件(程序或作业文件)或修订原来的文件,文件中应明确规定对该种安全风险的有效管控措施,并在实践中落实这些措施。

7.2.7 对于某些安全风险,可同时采取7.2.2规定的两种或两种以上管控措施。

7.2.8 对事故隐患类型的安全风险应按规定采取双重预防机制,防止安全事故的发生。

8 持续改进

8.1 每年至少应开展一次全面系统性的常态化安全风险识别和评估的工作。对于新建、改建和扩建的场地环境、建(构)筑物、设备设施等,应在设计阶段、建设施工、投入使用前完成各自阶段的安全风险识别、评估与管控工作。对于新增、变更的业务活动与作业等,应在投入运营前完成安全风险的识别、评估与管控工作。

8.2 对于5.3.1规定的带“*”项目,以及发生人员死伤事故、发生重大气象灾害或地质灾害后,应随时进行安全风险识别和评估,从中发现重大安全风险或已有重大安全风险的变化情况。

9 档案管理

9.1 应对识别确认的3级及以上安全风险进行登记建档(纸质文件档案与电子文档同步),档案资料应包括但不限于:

a) 单位名称、法人代表、单位地址、联系人、联系方式;
b) 安全风险相关安全体系文件;
c) 安全风险识别与评估记录、评估报告;
d) 相关检查、检验检测记录报告;
e) 相关图纸和图片及使用维护说明书;
f) 区域位置图、平面布置图、工艺流程图和主要设备一览表;
g) 周边情况描述及相关图片;
h) 安全风险管控措施落实情况资料(包括消除或降低安全风险情况清单);
i) 相关应急预案、评审意见、演练计划和评估报告;
j) 关键装置、重点部位的责任人、责任机构名称;
k) 安全风险告知和安全标志的设置情况。

9.2 可建立重大安全风险地理信息系统(GIS),对重大安全风险实施动态监管并及时进行维护更新。GIS系统应包括重大安全风险基本情况、分布、管控措施、检查监控、管理责任人员与应急联络人员、应急预案及相关应急设备物资、外部救援协助单位等信息。

9.3 应对排查出的事故隐患进行登记,建立事故隐患信息档案。

附 录 A
（资料性）
安全风险识别参考清单

安全风险识别参考清单见表 A.1～表 A.6。

表 A.1 场地环境安全风险参考清单

序号	安全风险描述	属性
1.1 选址与布局类安全风险		
1.1.1	游乐园选址未充分考虑地形、地貌、地质与水文情况、气候特点以及地下水位升降对基础沉降影响等因素，未避开蓄滞洪区域、风暴潮易发生区域或海啸威胁区域，以及滑坡、泥石流、洪水及其他地质灾害易发生区域	a
1.1.2	游乐园选址邻近区域存在由于气象灾害、地质灾害造成洪涝、滑坡、泥石流、山体崩塌、地面塌陷等可能（如位于高陡坡下、蓄洪水坝下游），未有针对性地采取安全防护措施或避让措施，或防护措施损毁严重	a，b
1.1.3	选址或游乐园内存在城市高压输配电架空线	a
1.1.4	选址邻近区域存在重化工企业、危化品仓储或集散区域	a
1.1.5	上述情况以外的其他相关安全风险	
1.2 涉水类安全风险		
1.2.1	未对可能导致水淹的孔洞、管沟、通道、预留缺口等进行封堵和引排措施，不能有效防止洪水（海水）倒灌	b
1.2.2	游乐园同水系相邻时，未综合考虑相邻区域水位变化对安全的影响	b
1.2.3	游乐园内河湖以及地表水的汇集、调蓄利用与安全排放措施不足，存在水淹安全风险的人员密集场地场馆、动物笼舍、配电设施等	a
1.2.4	游乐园位置侵占原有湿地、河湖水系、滞洪或泛洪区及行洪通道，或擅自在区域内围、填、堵、截自然水系的水口	b
1.2.5	区域内水体的进水口、排水口、溢水口及闸门高度与水位，不满足调蓄雨水和泄洪、清淤的需要	a，b

表 A.1 场地环境安全风险参考清单(续)

序号	安全风险描述	属性
1.2.6	游乐园内或邻近区域的水库大坝存在以下情况。 1) 坝顶有裂缝、异常变形、积水或植物滋生等现象。 2) 排水系统存在堵塞、淤积或损坏现象。 3) 迎水坡有裂缝、剥落、滑动、隆起、塌坑、冲刷、兽洞或植物滋生等现象,块石护坡块石缺失、翻起、松动、塌陷、垫层流失、架空或风化变质等损坏现象,砼护坡面板之间接缝、止水设施不正常,面板表面不均匀沉陷,面板和趾板接触处有沉降、错动、张开情况,混凝土面板有破损、裂缝,面板无溶蚀或水流侵蚀现象,近坝水面有冒泡、变浑、漩涡等异常现象。 4) 背水坡及坝趾有裂缝、剥落、滑动、隆起、塌坑、雨淋沟、散浸、冒水、渗水、流土、管涌等现象;有兽洞、蚁穴;草皮护坡植被不完好,有荆棘、灌木、乔木;表面排水系统不通;存在裂缝或损坏,沟内有垃圾、泥沙淤积或长草等情况。 5) 坝趾近区有阴湿、渗水、管涌、流土或隆起等。 6) 坝体与岸坡连接处存在坝端与岸坡连接处有错动、开裂及渗水等情况,两岸坝端连接段有裂缝、滑动、滑坡、崩塌、溶蚀、隆起、塌坑、异常渗水、有兽洞、蚁穴等。 7) 坝端岸坡有裂缝、塌滑迹象,护坡隆起、塌陷或其他损坏情况,下游岸坡地下水露头及绕坝渗流不正常。 8) 排水涵洞洞(管)身有裂缝、空蚀、坍塌、鼓起、渗水、混凝土碳化等。 9) 闸门存在变形、裂纹、脱焊、锈蚀及损坏现象,门槽卡堵、气蚀等情况,支承行走机构运转不灵活。 10) 闸门启闭及运行控制系统启闭机运转及制动异常,有腐蚀和异常声响;钢丝绳断丝、磨损、锈蚀、接头松动、变形等;零部件有缺损、裂纹、磨损及螺杆弯曲变形等	a, b
1.2.7	场地缺乏完整、有效的雨水排水系统。场地雨水的排除方式设置错误,在容易堵塞的地方,埋设暗管而非采用排水明沟。开放式排水明沟的设置距离游客可到达区域安全距离不足或未设防护隔离措施	b
1.2.8	游乐园内或邻近区域的大坝坝基、坝体局部存在裂缝、渗漏、析浆等现象	b
1.2.9	游乐园内或邻近区域的水库库岸、边坡存在滑坡现象	b
1.2.10	游乐园内或邻近区域的水库泄洪设施、水位监测系统等不能正常工作	b
1.2.11	排水管渠出水口受水体水位顶托时,未根据地区重要性和积水所造成的后果,设置潮门、闸门或泵站等设施	b
1.2.12	排水明沟未铺设盖板。排水沟盖板与周边地坪高度不平整,与周边地坪缝隙大	b
1.2.13	排水沟盖板存在下列问题: 1) 排水沟盖板材质易变形,盖板采用光滑材料或盖板表面未进行防滑处理; 2) 盖板排水孔开孔边缘存在锋利、粗糙裂口或突出; 3) 混凝土盖板上的排水孔直径(或最窄处)大于 15 mm,易卡住游客手指;或大于 30 mm,易造成游客绊倒摔伤; 4) 金属盖板开孔宽度大于 6 mm,排水能力不足	a, b

表 A.1 场地环境安全风险参考清单(续)

序号	安全风险描述	属性
1.2.14	在游览观光区域、淤泥底水体近岸未设防护措施,非淤泥底人工水体的岸高及近岸水深存在下列问题: 1) 无防护设施的人工驳岸,近岸 2 m 范围内常水位水深大于 0.7 m 的人工驳岸未设防护设施; 2) 无防护设施的附近 2 m 范围以内常水位水深大于 0.5 m 的园桥、汀步及临水平台未设防护设施; 3) 无防护设施的驳岸顶与常水位的垂直距离大于 0.5 m,未设防护设施	a,b
1.2.15	儿童接触的水深大于 0.3 m 的景观水景、水深超过 0.6 m 的观赏水景工程、开放式动物展馆、喂养场地、游船河道岸边等未设置防护栏杆,或防护栏杆高度、间距不满足安全要求	b
1.2.16	对于开展水上表演活动的水体,其水深、水岸的设计建设,以及防护栏杆的设置,存在影响水上表演人员和游客安全的缺陷	b
1.2.17	游客活动的户外水域水体未在防雷装置有效防护之下。中、高发雷区水域步道与观景平台防护栏杆未采用高强度非金属栏杆;或采用金属栏杆时,接地间隔大于 25 m,且未设置警示牌	b
1.2.18	未设置水域安全标志,或标志设置位置不够显著清晰、安全标志设置间距过长不符合要求、场地昏暗或夜间情况下不能有效显示起到警示作用	b
1.2.19	地基土不均匀沉降,导致给排水管道、燃气管道等爆裂以及泄漏,或建(构)筑物本体损坏	b
1.2.20	水域、水体、水池内电气设备设施未采用安全特低电压供电,或未设置阻挡设施与安全标志,防止人员进入或接触水体	a,b
1.2.21	喷泉、游泳池等涉水场所未采取安全特低电压、隔离、漏电保护等措施防范人员电击	a,b
1.2.22	游船活动水域码头未设置以下安全设施: 1) 防冲安全设施(护舷); 2) 防撞安全设施(防撞墩、桩); 3) 系船安全设施(系船桩、环、快速脱缆钩等); 4) 码头附属安全设施(护轮槛、护栏、系网环、人行通道与检修通道、安全网、安全锁定装置、指示灯、防风装置、防雷装置、电击防护装置、消防设备设施、防滑措施); 5) 安全标志标识; 6) 游客安全注意事项宣传板(窗)	a,b
1.2.23	上述情况以外的其他相关安全风险	
1.3 山体与假山置石安全风险		
1.3.1	游乐园内或邻近区域存在悬崖、险峰峭壁、山石、陡峭边坡等,未有效避让,或缺乏防护,存在崩塌、滚落、滑坡等可能	a,b
1.3.2	游乐园内或邻近区域山体曾发生大面积塌方、滑坡,或存在泥石流等事故隐患	b
1.3.3	在急弯、急流,人员易发生跌落、淹溺等人身事故事件的参观区域、水域,以及高陡坡下的道路、桥梁、涵洞等,缺少坚固的安全防护栏或防护墙壁	b
1.3.4	允许人员穿越、攀爬的自然景观等,缺少有效的保护措施	b

表 A.1 场地环境安全风险参考清单(续)

序号	安全风险描述	属性
1.3.5	人工造景与山石衔接,以及悬挑、山洞部分的山石之间、叠石与其他建筑设施相接部分、假山与游乐设施运行轨迹相邻部分的结构不牢固,存在松脱、坠落安全风险	a, b
1.3.6	人员接近区域的各类人造景观构筑物、假山、主题化外包装和装饰等,其主要受力构件变形、开裂、严重锈蚀,包装物脱落	a, b
1.3.7	不稳定山体(山石)下方设置燃气锅炉房、危化品仓库、燃气管道等	a, b
1.3.8	应设置护坡、挡土墙、边坡地表水排放等安全防护措施的山体实际未设置,或护坡、挡土墙出现沉降、倾斜、位移、裂缝或损毁严重、泄水孔堵塞等情况	a, b
1.3.9	景观假山置石存在下列问题。 1) 假山置石根部以上 50 mm 范围内,存在超过 5 mm 的水平踩踏面;或造型近人处踩踏面 1.1 m 高以内存在可攀面,且未设置警示标牌,存在人员攀爬导致坠落安全风险。 2) 在水边、池边或高差大于 1 m 的山体边上的假山置石高度小于 1.2 m,或置石顶端不利于站立,存在人员攀爬导致坠落安全风险。 3) 置石底部起计 2 m 高度范围内的材料表面粗糙或存在尖锐边角、角等,墙体转角处,圆角半径小于 30 mm,存在人员触碰受伤安全风险。 4) 朝向人流通道倾斜及凸出的立面造型,或横跨人流通道上方的造型底部,离地高度低于 2.2 m,易造成游客碰撞受伤。 5) 大体积假山石顶面(尤其是与设备互动的假山塑石)未采取防水、排水处理设计,积水导致金属连接结构锈蚀。 6) 3 m 以上的假山置石未设置检修入口,或检修空间狭窄,作业人员难以开展常规检查维护作业	a, b
1.3.10	对于上述区域及游览线路沿途可能出现的地质灾害、气象气候水文灾害,未设置明显的安全标志标识及突发事件报警联络方式;对于高风险区域,未设置禁止游客进入的隔离设施;对于暂时不能采取加固措施的可能滑坡山体,未设置警戒线或安全警示标识	b
1.3.11	上述情况以外的其他相关安全风险	
1.4 景区道路与相关建(构)筑物安全风险		
1.4.1	游乐园内通往孤岛、山顶等卡口的路段,未设通行复线或加宽会车段路面	b
1.4.2	易发生边坡坍塌的路段、高边坡路段的临空边缘未设置连续防撞墙、安全墩及反光警示标志。在急弯或陡坡等危险道路未设置牢固的防护设施或道路右侧未设置相应警示标志	b
1.4.3	道路在弯道的横净距和交叉口的视距三角形范围内,有妨碍驾驶员视线的障碍物。转弯处视野盲区未设反光广角镜	b
1.4.4	需要车辆减速慢行的路段和容易引发交通事故的路段未设置减速带、安全标志等	b
1.4.5	道路两侧及隔离带车行道路的防撞墩、分隔带未按规定设置或不牢固	b
1.4.6	道路主要出入口和道路交叉处未设置道路导向标志。对于长距离无路口或交叉口的道路,未沿路设置位置标志和导向标志,或标志之间的间距大于 150 m	b
1.4.7	通行机动车辆的道路未设置限速、限高、禁行(易燃易爆区域)或警告(如人员密集场地场馆)等标志	b

表 A.1 场地环境安全风险参考清单(续)

序号	安全风险描述	属性
1.4.8	道路两侧及隔离带上种植的树木或其他植物、广告牌、管线等存在遮挡路灯、交通信号灯、交通标志现象,妨碍安全视距,影响通行	b
1.4.9	路灯、交通信号灯、车站整体(包括广告牌灯箱)、标志牌本体出现倾斜,或基础的抗风等级不满足当地气象条件	b
1.4.10	游乐园内道路的平面布置不合理,存在下列问题: 1) 不能满足正常行驶(如跨越道路上空架设管线距路面的最小净高小于 5 m)、消防作业、检修作业、救护、应急疏散要求; 2) 主要游览道路与运营管理专用道路存在混合进出,人流、货流未有效分开; 3) 运营管理专用道路与主要游览道路交叉(缺乏关联道路)	b
1.4.11	巡游花车路线两侧及最高花车 2 m 以内空间存在影响其通行的景观设施及建(构)筑物,或道路坡度大于 5%,且道路中心线转弯半径小于 15 m	b
1.4.12	消防车道的净宽度和净空高度均小于 4 m,坡度大于 8%,转弯半径不能满足消防车转弯的要求	b
1.4.13	环形消防车道与其他车道连通少于 2 处,尽头式消防车道未设置回车道或回车场	b
1.4.14	游客游览道路不平整,存在易造成人员伤害的凸起或塌陷部位	b
1.4.15	人、车共行的道路未设置人行道,人行道与车行道间的防撞栏杆不符合 JTG D81 的相关要求	b
1.4.16	人行道路存在下列问题: 1) 坡道路面干湿态静摩擦系数小于 0.5,路面不防滑; 2) 纵坡坡度大于 1∶2 的,未设置防护栏杆; 3) 采用开孔大的水篦子; 4) 指示牌底部距离地面高度小于 2.2 m; 5) 人行通道上乔木树干分支点小于 3 m	b
1.4.17	人行过街天桥、空中连廊等临空通行道路存在以下问题: 1) 道路结构不稳固,受力结构存在裂缝、锈蚀情况,存在倒塌风险; 2) 未设置防护栏杆或栏杆结构设计不可靠,水平受力强度不能满足人员最大通行量要求,存在人员坠落风险; 3) 位于人员密集场地场馆的主要道路未设通行复线并设置醒目的导向标志; 4) 未醒目设置"严禁抛物、禁止攀爬、当心坠落"等安全标志,存在抛物伤人、人员坠落风险; 5) 下方设置易燃易爆危险品储存仓库	a, b
1.4.18	人行道路(包括空中连廊走道、人行天桥、坡道、涵洞等)、楼梯台阶不平整,未采用防滑设计	b
1.4.19	台阶边缘存在锋利锐角、凸起、塌陷	b
1.4.20	梯道踏步数、台阶踏步高度、宽度不符合 GB 51192 的相关要求	b
1.4.21	游客疏散道路曲折、陡峭,人流前进方向存在缩颈,或放置阻碍物,存在人流对冲、拥挤踩踏等风险	a, b
1.4.22	主要游览道路、安全疏散口外侧通道、人员密集场地场馆内设置高陡坡、楼梯台阶	b

表 A.1 场地环境安全风险参考清单(续)

序号	安全风险描述	属性
1.4.23	上述情况以外的其他相关安全风险	
1.5 护坡与挡土墙安全风险		
1.5.1	护坡、挡土墙未采用连续平坡式布设,台地之间未采用挡土墙连接(自然地形坡度大于8%时)	a,b
1.5.2	可能发生滑坡或泥石流的区域,护坡或挡土墙未做特殊处理。挡土墙的材料、形式不符合实际情况,不能满足安全需求	a,b
1.5.3	挡土墙或围墙存在下列问题: 1) 挡土墙墙后填料表面未设置地表排水措施,墙体未设置排水孔或排水孔的直径小于50 mm,孔眼间距大于3 m; 2) 挡土墙未设置变形缝,或变形缝的间距大于20 m; 3) 挡土墙与建(构)筑物连接处未设置符合要求的沉降缝; 4) 当挡土墙上方布置水池或一侧临水,可能造成渗水的,未对挡土墙采取有效的防渗措施; 5) 边坡(护坡)上种植可能损坏边坡与挡土墙的深根植物; 6) 设置在高处、边坡的围墙或挡土墙,与内外道路、人员密集场地场馆、建(构)筑物、设备设施、高大乔木的安全距离不满足要求; 7) 存在墙体位移及变形、地基基础沉降及变形、墙体裂缝或断缝、残损、鼓胀、位移、倾斜、坍塌、墙体材料风化腐蚀等缺陷; 8) 人员主通道区域的挡土墙与围墙,存在堆载、墙身或顶端附加载荷	a,b
1.5.4	应设置围墙或其他围蔽措施进行隔离的区域未设置,或已设置的结构形式、高度、现状等不能满足安全要求	a,b
1.5.5	上述情况以外的其他相关安全风险	
1.6 工程管线系统安全风险		
1.6.1	管线敷设在山区、滨水(海、河、湖)区域,存在受到山洪、泥石流、滑坡、沉陷、海水倒灌等危害的影响	a,b
1.6.2	应在地下敷设工程管线,未埋地敷设(如人员密集场地场馆电力线路及主道路的照明线路未埋地敷设)。地上敷设的工程管线管架净空高度及基础位置,不能满足正常运营、消防作业、应急救援、交通运输等要求	a,b
1.6.3	工程管线未避让建(构)筑物基础、游乐设施基础、挡土墙或护坡、景观或表演用水体、大型地面设施基础(如大型景观设施、大型标识、大型夜景照明设施、通信塔等)	a,b
1.6.4	有可燃性、爆炸危险性、毒性及腐蚀性介质的管道,未避开人员密集场地场馆和重要建(构)筑物,或采用埋地敷设(民用燃气管道除外)	a,b
1.6.5	使用比空气密度大的可燃气体的场所采用管沟敷设,未采取防止可燃气体在管沟内积聚的措施	a,b
1.6.6	对安全、卫生、防干扰等有影响的工程管线,以及有可能产生相互有害影响的管线共沟或靠近敷设。(如燃气管道与其他管道或电缆同沟敷设,生活给水管道与输送易燃、可燃或有害的液体或气体的管线同沟敷设)	a,b

表 A.1 场地环境安全风险参考清单(续)

序号	安全风险描述	属性
1.6.7	埋地敷设的工程管线布置在可能受重物压坏之处。地下燃气管线从建(构)筑物[尤其是人员集中的建(构)筑物、大型建(构)筑物、游客休憩的公共绿地和庭院、堆积易燃易爆和具有腐蚀性液体的场地等]下面穿越	a,b
1.6.8	未采取保护措施的地下工程管线和管沟,布置在建(构)筑物基础的侧压力影响范围之内。或距建(构)筑物基础外缘的水平距离不足,在施工和检修开挖管线、管沟时会影响建(构)筑物基础	b
1.6.9	地下管线(沟)的覆土深度、埋置深度(尤其是敷设在路面下、穿越道路时)不符合 GB 50289 的相关要求。当直埋管道不能满足覆土厚度要求时,未加防护套管或设管沟	a,b
1.6.10	地下燃气管线和地上运送可燃性、爆炸危险性、毒性及腐蚀性介质的管道,敷设在表演水体或水池底部、重要建(构)筑物的主要出入口、主要观光游览道路和人员密集场地场馆	a,b
1.6.11	地下燃气管线与建(构)筑物、与其他地下管线之间的最小水平距离、地上燃气管线与建(构)筑物或相邻管道之间的最小垂直距离、燃气管线与其他管线交叉垂直净距不符合 GB 50289 的相关要求	a,b
1.6.12	地下工程管线交叉布置时,可燃气体管道、电力电缆在热力管道上面,有腐蚀性介质的管道及碱性、酸性介质的排水管道在其他管道上面	a,b
1.6.13	直埋电缆之间,电缆与其他管道、道路、建(构)筑物等之间平行和交叉时的最小净距不符合 GB 50289 的相关要求	a,b
1.6.14	地下工程管线与种植植物的最小水平距离不符合 GB 50289 的相关要求,如人员密集场地场馆地下燃气管线(沟)外壁距树木的距离大乔木小于 5 m,小乔木小于 3 m,灌木小于 2 m	a,b
1.6.15	架空管线、管架跨越区域内道路的最小净空高度、工程管线管架与建(构)筑物之间的最小水平间距不符合 GB 50289 的相关要求	a,b
1.6.16	地上敷设燃气管道存在下列问题。 1) 中低压燃气管道未采用支柱敷设,沿耐火等级低于二级的建(构)筑物外墙敷设,设置在建(构)筑物围墙上。 2) 贴近围墙设置时,未与围墙保持安全距离。 3) 在中低压架空燃气管道下,与道路路面的最小垂直净距小于 5.5 m,与人行道路面的最小垂直净距小于 2.2 m。 4) 沿建(构)筑物外墙敷设的燃气管道,中压管道与建(构)筑物门窗洞口的最小水平净距小于 0.5 m,低压管道与建(构)筑物门窗洞口的最小水平净距小于 0.3 m。 5) 中低压架空燃气管道与其他管道最小垂直净距,当管径小于或等于 300 mm 时,同其他管道小于 0.1 m;管径大于 300 mm 时,同其他管道小于 0.3 m	a,b
1.6.17	有甲、乙、丙类火灾危险性、腐蚀性及毒性介质的管线,采用建(构)筑物支撑方式敷设[使用该管线的建(构)筑物除外]	a,b
1.6.18	架空电力线路跨越人员密集场地场馆、易燃易爆危险品仓库、可燃材料建造屋顶及火灾危险性属于甲、乙类的建(构)筑物	a,b
1.6.19	穿越游乐园的架空电力线路导线与建(构)筑物、地面、燃气管道、其他管线之间的最小水平净距不符合 GB 50289 的相关要求	a,b

表 A.1 场地环境安全风险参考清单(续)

序号	安全风险描述	属性
1.6.20	架空金属管线与架空输电线路交叉时,架空金属管线未采取接地保护措施	a,b
1.6.21	新建、改建、扩建的跨河、穿河、穿堤、临河的桥梁、管道、缆线、取水、排水等设施影响原有排洪管道畅通	a,b
1.6.22	地上管线未设隔离带、安全防撞措施	b
1.6.23	各类工程管线的安全标志标识设置不符合要求,显示模糊不清晰,或因施工破坏后未重新修复	b
1.6.24	地下燃气管道沿线未设置里程桩、转角桩、标志桩、交叉桩、穿越桩、警示牌、警示墙等标志或设置不合理、不明显清晰。地上敷设的管段未设置警示牌并且未采取保护措施	b
1.6.25	直埋电缆未按直线段每 50 m~100 m 处、电缆接头处、转弯处、交叉处、T 接头、进入建(构)筑物处等位置,设置地面方位标志或标桩,或标桩设置不合理、不明显清晰	a,b
1.6.26	上述情况以外的其他相关安全风险	
1.7 场地环境安全风险(包括地质灾害风险点)		
1.7.1	游艺区域、游览休憩场地、人员密集场地场馆存在下列情况: 1) 位于在架空电缆(包括高压线)通道下或可能影响范围之内; 2) 位于埋地主燃气管道上方或架空燃气管道下方; 3) 位于空中运行设备或其他高空坠物可能的直接下方且无防护; 4) 周围存在倒塌、坍塌等可能的区域; 5) 邻近燃气瓶组站、燃气管道、危险物品输送、储存场所; 6) 存在发生火灾可能的区域; 7) 位于蒸汽锅炉、中高压容器与有毒有害介质压力容器的区域; 8) 存在或临近甲、乙类厂房; 9) 存在泥石流、滑坡、水淹等可能的地质灾害风险点; 10) 位于雷电易发区域或无雷电防护区域; 11) 其他可能造成人身伤害的重大安全风险处	a,b
1.7.2	场地户外设置的广告牌、各类落地招牌、悬挂式牌匾、标注牌、指示牌、灯饰及灯柱、户外监控装置、雕塑、高大树木等,不能确保其在正常使用与遭遇自然灾害(如台风)情况下的牢固可靠,存在倒塌、松脱坠落伤人可能	a,b
1.7.3	场地户外设置的广告牌、各类落地招牌、悬挂式牌匾、标注牌、指示牌、灯饰及灯柱、户外监控装置、雕塑等悬吊物、侧挂物等构造型式不安全、实际连接点不牢固,安全冗余不足,或安装位置不可检测、不可维护;距离地面高度不足 2 m	a,b
1.7.4	密集人群观景平台承载力不足、损坏、防护缺失,存在垮塌、人员坠落风险	a,b
1.7.5	游客人员活动场地邻近无防护的建筑幕墙(尤其是玻璃幕墙)	a,b
1.7.6	崖边、栈道、栈桥、吊桥、人行天桥、水边、台阶等无护栏,或防护设施损坏	a,b
1.7.7	休憩场地内座椅、游览人员可以接触到园林环境及其他可触碰之处,存在造成游客伤害或易刮伤衣物的尖锐构造(锐边、尖角、毛刺和危险突出物等)	b

表 A.1　场地环境安全风险参考清单（续）

序号	安全风险描述	属性
1.7.8	休憩场地铺装材料、座椅等未选择阻燃性材料，存在游客抽烟引起火灾风险	b
1.7.9	商场货架结构不稳定或商品堆垛过高，存在倾倒、倒塌风险	b
1.7.10	场地内各类窨井的设置未避开人员密集场地场馆，且井盖与场地平面(路面)标高相差较大，或窨井盖板损坏、缺失	a，b
1.7.11	检查井井盖未设有锁闭装置	a，b
1.7.12	低洼易积水场地的窨井，未选择防止涌水要求的结构与材料	a，b
1.7.13	对于易被车辆碾压毁坏的窨井，井盖未选择能有效抗击车辆碾压的材料与结构形式	a，b
1.7.14	游览休憩区域的排水沟盖板材质不坚硬，安装不牢固，盖板表面未做防滑处理	b
1.7.15	水上游乐园游玩戏水区域排水沟盖板采用金属材质，夏季日晒后温度过高存在烫伤游客风险	a，b
1.7.16	户外游客可接触的带电设施及其金属结构未做好有效接地措施、未有效设置漏电保护装置或未采用安全特低电压	a，b
1.7.17	游乐园内制高点、人员集散广场、游道、观景平台、停车场、人行天桥、连廊等区域未设置可靠的雷电防护装置或装置功能失效，未进行定期检验检测	a，b
1.7.18	场地内安全护栏存在下列问题： 1)　应设置而未设置(临边、临水、高空平台、通道等)； 2)　少年儿童专用活动场所、场地、通道的防护护栏未采用防止儿童攀登的型式； 3)　栏杆结构不合理、高度不够、选用材料错误； 4)　栏杆下部无防护网或挡脚板； 5)　栏杆留孔未封堵，生锈、腐朽或断裂产生锋利口； 6)　中、高发雷区金属栏杆未接地	a，b
1.7.19	高峰客流场地不具备自动计数装置，无法监测人流平均密度和局部密度	a，b
1.7.20	吸烟区设置在游客必经的通道上或紧邻游览休憩场所时未采取管控措施	b
1.7.21	主要游览道路、人员密集场地场馆、游客休憩场所、狭小室内空间设置燃气取暖器	a
1.7.22	废弃物暂存区域设置在游览休憩场所附近	a，b
1.7.23	在人员密集场地场馆的售票处、大门出入口、排队区、表演广场等易产生高峰客流区域，未设置有效的客流引导、提示、安全警示与疏散标志，以及游客须知、安全禁忌提示	a，b
1.7.24	大门出入口、游客中心、重要景点、室外大型游乐设施场地、主要游览道路、易燃易爆和有毒有害气体的储存和使用场所、停车场、重要地上工程管线区域等重点场地存在监控盲点	a，b
1.7.25	场内安全生产与森林防火“三同时”设施未配置，配置不全、失效或被拆除弃用	b
1.7.26	场地内(包括户外大型活动)电线电缆成捆随地铺设，采用可燃性材料覆盖，未加设线槽防护	a，b

表 A.1 场地环境安全风险参考清单（续）

序号	安全风险描述	属性
1.7.27	地质灾害风险点存在以下情况： 1) 经评估认为可能引发地质灾害或者可能遭受地质灾害威胁的新建项目，未配套建设地质灾害防治工程，或未开展“三同时”项目验收； 2) 地质灾害风险点内或区域边界未设立醒目、清晰的安全标志，未设置疏散避难场所的指示牌与疏散标识； 3) 未进行建(构)筑物沉降监测、重要区域回填土沉降监测和回填土密实度检测； 4) 可能存在滑坡、泥石流、山体崩塌、地面塌陷等高安全风险区域，未设置隔离设施防止人员进入； 5) 在地质灾害危险区内进行爆破、削坡及从事其他可能引发地质灾害的活动； 6) 其他	a，b
1.7.28	地下停车场地势低，未做好有效防水、排水措施，存在水淹风险	b
1.7.29	上述情况以外的其他相关安全风险	
1.8 运营施工现场环境安全风险		
1.8.1	施工现场范围未进行围挡或围挡高度不足 1.8 m	b
1.8.2	作业现场和公共区域的各类坑、洞、井、洼、沟、陡坡、临边、临水等危险部位，以及可能造成中毒、触电、爆炸、火灾区域，未有效设置防护栏杆、安全网、栅门、格栅、阻挡件、遮盖物及踢脚板等防护设施	a，b
1.8.3	对于施工现场通道附近的各类洞口与坑槽等处，夜间未设警示灯示警	b
1.8.4	临近运营区域的模板工程、基坑工程、暗挖工程、装配式建筑混凝土预制构件安装工程等脚手架、作业现场围挡材料不坚固、不稳定	b
1.8.5	上述部位及施工现场爆破物及有害危险气体和液体存放处等危险部位未设置明显的安全警示标志	a，b
1.8.6	施工现场物料堆放混乱、不稳固、不规范	a，b
1.8.7	施工现场道路(包括安全通道)放置各种障碍物，阻碍正常通行	b
1.8.8	施工现场无相应的消防设备设施，或配置不齐全、失效	b
1.8.9	交叉作业处(包括施工作业与运营作业)防护措施不足，且未设置警告标志和防护措施	b
1.8.10	危险作业场所未设有事故事件报警装置及紧急疏散通道，疏散安全通道未装设应急照明和指示标志	b
1.8.11	上述情况以外的其他相关安全风险	
1.9 植物及其他类安全风险		
1.9.1	场区内有毒、有害、有刺植物，以及掉落果实伤人植物	a
1.9.2	场区内花丛、草丛等区域出现野生蛇、老鼠、蜂、虫等，游客存在被咬伤风险	a
1.9.3	邻近设置在人员密集场地场馆、设备设施、建(构)筑物、停车场等的高大乔木未定期修剪，容易脆断倒伏，有伤人、损坏设备和建(构)筑物的安全风险	a，b

表 A.1 场地环境安全风险参考清单（续）

序号	安全风险描述	属性
1.9.4	设置在森林区域的参观通道未设置顶部防护网，存在枯枝砸伤人员风险	a，b
1.9.5	高大乔木种植位置、距离不足，影响或侵入消防线路、花车巡游线路、滑行类游乐设施运行轨道和旋转类游乐设施的安全运行空间	a，b
1.9.6	乔木与建（构）筑物门窗、玻璃幕墙间距过小，存在倒塌破坏门窗，引发碎片伤人，动物逃逸等次生灾害风险	a，b
1.9.7	电气和燃气管道附近存在根系发达植物，存在破坏管道风险	a，b
1.9.8	水库坝体上种植乔木，存在破坏坝体风险	a，b
1.9.9	变配电设施周围种植生长高度超过 15 cm 的草皮，易造成遮挡、易燃发生火灾风险	a，b
1.9.10	上述情况以外的其他相关安全风险	
注 1：本清单所列举的安全风险和分类可以作为识别有关安全风险的起点和参考。 注 2：本清单所列举的安全风险中属于“根源危险源”的，“属性”栏内标识“a”；属于“事故隐患”的，“属性”栏内标识“b”。		

表 A.2 建（构）筑物安全风险参考清单

序号	安全风险描述	属性
2.1 建（构）筑物设置与布局类安全风险		
2.1.1	建（构）筑物处于： 1） 山洪、山体崩塌、泥石流、滑坡、流沙、危石、溶洞等直接危害的地段； 2） 地面严重沉降或塌陷等地质灾害易发区； 3） 积水洼地、蓄滞洪区或坝堤决溃后可能淹没的地区； 4） 受强台风、风暴潮、海啸等灾害性气象严重影响危害的地区； 5） 不便于排水的地段； 6） 坐落在地下燃气管线上方； 7） 架空高压电缆正下方； 8） 变配电建（构）筑物及变配电设施处于地势低洼和可能积水的地区	a，b
2.1.2	建筑总平面布置、总体布局不合理，各功能区互相干扰，可能会导致事故或衍生事故发生，或难以疏散救援	b
2.1.3	建筑基础存在以下问题： 1） 基础荷载较大或对地基沉降敏感的建（构）筑物、设备设施地基，布置在土质不匀、地基承载力悬殊的地段（断层、滑坡、溶洞、软土等）、不良地形等引起不均匀沉降区域； 2） 建（构）筑物基础不能满足承载力和稳定性要求，存在不能保证建（构）筑物安全和正常使用的不均匀沉降、严重变形、开裂、倾斜等	a，b
2.1.4	建（构）筑物位于高陡坡下时，无可靠的护坡、挡土墙、边坡地表水排放等安全防护措施，或损毁严重	a，b
2.1.5	建（构）筑物选址、总平面布局、建筑结构和防火间距不符合 GB 50016 的相关要求	b

表 A.2 建(构)筑物安全风险参考清单(续)

序号	安全风险描述	属性
2.1.6	仓库建(构)筑物防火安全管理不符合《仓库防火安全管理规则》的相关要求	b
2.1.7	生产、经营、储存、使用危险物品的车间、商店、仓库与员工宿舍在同一座建(构)筑物内	a,b
2.1.8	危险化学品仓库设置在人员密集场地场馆,甲、乙类危险化学品库房内设置办公室、休息室,或贴邻设置在人员密集场地场馆。后勤建(构)筑物(如人员密集的生产加工车间)与甲、乙类厂房,仓库组合布置及贴邻布置,或布置在丙、丁、戊类厂房、仓库的上部	a,b
2.1.9	有爆炸危险的库房未设置泄压设施,或泄压设施未采用轻质屋面板、轻质墙体和门窗,或设置在人员密集场地场馆或主要交通道路方向	a,b
2.1.10	滨海(河、湖)的建(构)筑物内安装配电箱的地下室,未采取防止水进入措施,或在人员密集场地场馆的走道、电梯厅和客人易到达的场所内安装总配电箱	a
2.1.11	在正下方有出入口、人员通道的建(构)筑物或人员密集场地场馆的建(构)筑物二层及以上部位设置建筑幕墙(尤其是玻璃幕墙),未采用具有防坠落性能的结构或抗撞击性能不达标,未在幕墙下方周边区域合理设置绿化带、裙房等缓冲区域或者采用挑檐、顶棚等防护设施	a,b
2.1.12	建(构)筑物外凸出的招牌、广告牌、造型物等影响正常行车、行人安全,以及紧急情况下的客流疏散与消防车、高大救援车辆的通行	a,b
2.1.13	同一建(构)筑物内设置多种使用功能场所时,不同使用功能场所之间未进行防火分隔	b
2.1.14	鉴定为应拆除或大修的危险建(构)筑物,未进行封闭,未拆除水、电和气源,未设置明显标识	a
2.1.15	建(构)筑物及景观设施设置不当,导致消防车道的净宽度和净空高度小于 4 m,影响消防车正常行驶作业	b
2.1.16	内部加油站设置在游乐园前场运营区域或距餐饮、食宿、剧院与会议中心等建(构)筑物 100 m 范围之内	a
2.1.17	地势低洼和可能积水的场所设置中小型电动汽车充电站,存在漏电等安全风险	a,b
2.1.18	临时舞台、看台、舞台背景结构设置在受强风(龙卷风)、台风、雷电强烈影响区域	a
2.1.19	大型活动临时搭建的舞台场地超过设计使用期限后,未重新进行安全评估和审批,仍继续使用	a,b
2.1.20	上述情况以外的其他相关安全风险	
2.2 建(构)筑物本体与其外部设施安全风险		
2.2.1	游乐场馆内游客道路存在缩颈、台阶、凸凹不平、人流对冲等问题	b
2.2.2	前场运营建筑内或邻近设置危及游客人身安全的公用设施(燃气瓶组站、煤气调压站/柜、甲乙类仓库、燃油/燃气锅炉、油浸式电力变压器、石油制品储罐等),或对不能避开人员密集场地场馆的危险公用设施未设置有效的防护设施,未采取隔离措施(包括安全距离隔离)	a,b
2.2.3	海洋馆、极地馆等重要维生系统设置在易被水淹的低洼地带或地下室。露天重要维生系统、排水管道系统等,与相邻实体建(构)筑物、高挡墙、其他高大设备设施安全距离不够,或无防护设施	a,b

表 A.2 建(构)筑物安全风险参考清单(续)

序号	安全风险描述	属性
2.2.4	地面、高处(楼顶)设置的通信设施(如站房、机柜、桅塔、天线等)不符合安全距离要求,或存在倒塌、坠落伤人可能	a,b
2.2.5	建(构)筑物非承重墙体、内外墙装饰物构件及其部件,以及悬挑阳台、外窗、外墙贴面砖石或抹灰、屋檐、屋面挂瓦、建筑出口上方雨棚等,结构型式不合理、安全冗余不足、与主体结构连接不牢固,存在变形、开裂、松脱、严重腐蚀等现象	a,b
2.2.6	临海或潮湿地区建筑玻璃采光顶的支撑钢结构及其五金件未采用不锈钢材料,采光顶的耐久性、抗风性能、抗冰雹性能、适应温差变化性能、防低温脆断性能等不符合实际使用要求	b
2.2.7	遮阳玻璃、外墙玻璃幕墙、玻璃门窗等未根据当地极端气候条件选择抗风性能、抗风携碎物冲击性能达标的安全玻璃	a,b
2.2.8	动物观赏场所采用安全玻璃,不具备与所观赏动物类别相适应的抗冲击性能	b
2.2.9	建(构)筑物的大门、窗和内部门、门窗金属配件未考虑当地极端气象灾害情况采取防腐蚀等措施	a,b
2.2.10	建(构)筑物玻璃幕墙未由具有检测资质的机构进行安全性检测,且并未进行日常检查维护	a,b
2.2.11	建(构)筑物内的超高、超大型门扇地弹簧等五金件与门的规格尺寸不匹配,或未增设安全锁链,存在五金件、铰链、合页、天地轴等部件失效时门扇倾倒伤人安全风险	a,b
2.2.12	建(构)筑物外的悬吊挂物(包括建筑屋顶广告、外墙设置的招牌、广告牌、广告灯箱、指示牌、侧挂或上方悬挂的LED屏、雕塑、装饰物、户外吊灯等)、建(构)筑物内吊顶结构的固定结构或可移动结构或设备构造型式不安全、实际连接点不牢固(松动、变形或可能断裂、严重腐蚀),安全冗余不足,或安装位置不可检测、不可维护;距离地面高度不足2 m,存在磕碰撞伤安全风险	a,b
2.2.13	人员密集场地场馆内的吊顶结构、悬吊挂物(机械式动雕、模型、装饰物、灯具、吊扇、音响、投影及其他可移动设备等)、侧挂物(壁扇、挂饰、招牌、灯箱、标志标识)、地面耸立物体等存在锈蚀、开裂、变形、倾斜、松脱等缺陷,且安全冗余不足	a,b
2.2.14	建筑玻璃采光顶支撑钢结构锈蚀严重,存在变形、开裂、脱落可能	a,b
2.2.15	设置在建(构)筑物上的各类公用设施、电信设施、烟囱、花架、高空平台、爬梯直梯、安全护栏、高空工作装备(包括擦窗机),安装不牢固,存在松脱、坠落可能	a,b
2.2.16	瓶装液化石油气瓶组间与重要公共建筑或其他高层公共建筑贴邻,或总容积不大于1 m^3 的液化石油气瓶瓶组间与所服务的其他建筑贴邻时,未采用自然气化方式供气	a,b
2.2.17	建(构)筑物彩灯未采用IP等级相适应的专用灯具,彩灯的金属导管、金属支架、钢索等未与保护接地线(PE)可靠连接	a,b
2.2.18	建(构)筑物室内地坪标高,低于室外场地地面设计标高,或高度小于0.3 m,且建(构)筑物底层出入口处未采取措施防止室外地面雨水回流,存在地面积水或排水管排水不畅时倒灌入室内可能	b
2.2.19	应设置雷电防护装置的建(构)筑物,未设雷电防护装置或装置功能失效,未进行定期检验检测	b

表 A.2 建(构)筑物安全风险参考清单(续)

序号	安全风险描述	属性
2.2.20	有人员活动建筑采用可燃或易燃夹芯板等材料	a
2.2.21	建(构)筑物进出口数量、净宽度、应急疏散通道设置不能确保正常与异常情况下最大客流量进出与疏散要求	b
2.2.22	安全出口设置不足或通道堵塞,疏散楼梯过窄或疏散门、楼梯堵塞,紧急情况时人员无法及时疏散	b
2.2.23	建(构)筑物内进水(包括内部泄漏)的排水措施不能满足安全要求	b
2.2.24	建(构)筑物安全出口处设置门槛、门内外 1.4 m 范围设置踏步,采用卷帘门、转门、吊门及侧拉门,疏散门与疏散方向反向开启,门口设置影响疏散的障碍物	b
2.2.25	建(构)筑物内人员密集区域地面干湿态摩擦系数小于 0.5,易造成人员滑倒	b
2.2.26	建筑室内公共通道上低于 2 m 的墙(柱)面阳角及景墙压顶转角等阳角未采用切角或圆弧处理,或未安装成品护角	b
2.2.27	上述情况以外的其他相关安全风险	
2.3 安全防护方面安全风险		
2.3.1	建筑内的安全护栏或栏板不坚固、高度低于 1.2 m,儿童场所安全护栏未采用防止攀登的构造且栏杆垂直杆之间净距大于 0.11 m	b
2.3.2	中庭或其他人员密集场地场馆的上部设置的临空防护设施,存在坠物可能但未采用连接牢固的护板结构,或护板底部设置高度小于 100 mm、不能防止物体滚落的挡板	a, b
2.3.3	安全护栏采用全玻璃结构用作承受侧向荷载	a
2.3.4	水族馆内亚克力玻璃水体强度刚度不足,连接处年久失修产生裂纹、泄漏,或遇明火、高温使亚克力玻璃熔化、破损	a, b
2.3.5	建(构)筑物所设置的高空平台、攀爬梯(直梯、斜梯)、高空平台安全护栏等,设置不合理或锈蚀损坏严重,爬梯无防护罩	a, b
2.3.6	建(构)筑物内外架空设置的安全走道、检修平台、马道等,地板未设防滑钢板,临边未设置挡脚板和防护栏杆	b
2.3.7	蓄水池上未设有人行通道,人行通道两侧未设有钢防护栏杆	a, b
2.3.8	架空设置的检修平台、马道不能完全覆盖悬吊物、屋顶钢结构检查维护工作	b
2.3.9	建(构)筑物内外的安全标志标识欠缺、模糊不清或损坏	b
2.3.10	上述情况以外的其他相关安全风险	
2.4 其他建(构)筑物安全风险		
2.4.1	建(构)筑物长期漏雨、漏水,或海水、工业废水等渗(灌)入,结构严重腐蚀	b
2.4.2	凶猛动物笼舍、围网、转移动物的笼箱结构安全可靠性差,存在缺陷或损坏	a, b

表 A.2 建(构)筑物安全风险参考清单(续)

序号	安全风险描述	属性
2.4.3	凶猛动物观赏区域防护设施欠缺或损坏,投喂设施及其护栏设置不当、安全状况不佳、残旧、腐烂	a, b
2.4.4	设置在户外且有台风地区的凶猛陆生动物观赏用玻璃幕墙,未采用防台风玻璃	a, b
2.4.5	建(构)筑物承重结构拆除或损坏(柱子、桁架、梁、架、板及支撑杆件等),或增加建(构)筑物载荷导致超载使用	b
2.4.6	在建(构)筑物基础周围挖土、挖坑导致积水,距其 1 m 范围内设上下水井、排水沟或地下水管线,种植深根高大乔木	b
2.4.7	在不准许人员攀登的屋面,或在低载荷平台上集中大量人员	a, b
2.4.8	建(构)筑物的安全防护设施、监控、防风、防水、防火、防雷等设施被拆除或损坏	b
2.4.9	梁、柱、楼板、承重墙、外墙等建筑主体或者承重结构开裂、变形、倾斜	b
2.4.10	建(构)筑物金属构件开裂、变形、螺栓松脱等	b
2.4.11	建(构)筑物周边围墙、栅栏不牢固、开裂、锈蚀或损坏	b
2.4.12	上述情况以外的其他相关安全风险	

注 1:本清单所列举的安全风险和分类可以作为识别有关安全风险的起点和参考。

注 2:本清单所列举的安全风险中属于"根源危险源"的,"属性"栏内标识"a";属于"事故隐患"的,"属性"栏内标识"b"。

表 A.3 设备设施安全风险参考清单

序号	安全风险描述	属性
3.1 设备设施通用风险		
3.1.1	在设备设施上方、侧向、运行线路存在坠落、倒塌可能的建(构)筑物及其附属设施、其他物体等,未采取有效措施予以防护	a, b
3.1.2	设备设施主要钢结构(梁、臂等)或受力零部件(如钢丝绳)存在强度、刚度不够、应力集中、稳定性差,或已产生变形、开裂等缺陷	a, b
3.1.3	设备设施多次返修的重要受力部件(部位)和重要焊缝,以及受力结构的长度、厚度不符合要求,结构变形或尺寸偏差较大,产生严重应力集中或造成受力情况严重削弱的情况,无详细定位记载,无法检验与维修保养	b
3.1.4	设备设施主要受力零部件设计存在单点失效,且无法检测、维护保养或有效监测	a, b
3.1.5	设备设施超参数运行	b
3.1.6	设备设施运行中有异常声响、异常振动、卡滞等现象,不进行检查,继续运行	b
3.1.7	应设置护栏、围栏、防护罩的设备设施,实际未设置或损坏,或防护不当、防护距离不够	b
3.1.8	设备设施的高空平台及其护栏、检修爬梯(直梯、斜梯)、高空疏散通道与安全护栏、防护栅栏等设置不合理、配置不当、结构不合理、强度高度不够、松动、变形损坏(尤其是腐朽或断裂产生的锋利口)、锈蚀严重等。应设安全带栓系结构的高空爬梯未设置或损坏严重	b

表 A.3 设备设施安全风险参考清单（续）

序号	安全风险描述	属性
3.1.9	设备设施架空设置的安全走道，地板未设防滑钢板，临边未设置挡脚板和防护栏杆，栏杆下部无防护网或挡脚板	b
3.1.10	规定设置的安全设施或装置（如安全阀、探测器等）未设置，设置不全或失效，未按期检测计量，关闭或被拆除弃用	b
3.1.11	设备的开停、断合开关等未装设在醒目、易操作的位置，无标志或标志错误、不明显等	b
3.1.12	屡次发生危及安全的严重故障的设备设施，未能及时有效制定整改措施或监护运行，导致故障持续发生	a，b
3.1.13	设备设施应有使用操作规程、自检维护规程等但实际未制定，或有制定但人员不规范操作	a，b
3.1.14	自检维护计划制定不合理、项目不全、方法不正确、仪器工具缺失等	b
3.1.15	设备设施未按期更换易耗易损件、备品备件质量不过关等	b
3.1.16	主要电气设备、移动电器、防雷装置和其他设备的接地装置，接地电阻测试不符合要求的，未进行检修整改	b
3.1.17	设备设施未进行定期检验检测，定期检验检测内容项目方法等不符合或结论错误	b
3.1.18	设备设施修理改造管理不规范，如缺少方案、修理改造单位不具备相应资质和能力、修理改造缺乏质量管控等	b
3.1.19	停用的设备设施未拉闸断电，开关箱未锁，未张贴“停用”等安全标志标识	b
3.1.20	使用国家、地方明令淘汰禁止的设备设施（如没有熄火保护的燃气灶具）	a，b
3.1.21	设备设施超过设计使用寿命，未进行安全评估继续使用	a，b
3.2 特种设备（包括类似功能设备）与演出用设备安全风险		
3.2.1	设置在高压线走廊内、电缆线之下或地下燃气管线之上的游乐设备设施、户外自动扶梯等	a
3.2.2	游乐设施设置紧贴易燃易爆场所、不利于疏散的地下室，或设置在存在腐蚀性气体或粉尘严重的环境中	a，b
3.2.3	压力容器设置在载人设备的载客装置之上或紧贴（包括载客装置停靠位置）	a，b
3.2.4	在有可能导致人体、物体坠落而造成人员伤亡的载人设备运行区域上方，未设置有效可靠的安全网或其他安全防护设施	b
3.2.5	特种设备安装或定期载荷试验时，未在最大设计允许参数下运行，运行次数与荷载重量不符合设计要求	a，b
3.2.6	非承压设备作为承压设备使用（如擅自改变常压锅炉的结构和安装管路、阀门等，将常压热水锅炉改作承压锅炉使用）	a，b
3.2.7	游乐设施操作室不具备全面观察设备运行全程的良好视线，且未加装监控摄像装置	b
3.2.8	沿载人设备运行路线，设置不合理、不牢固或妨碍设备安全运行的装饰物、假山隧道、高大物体（包括树木）	a，b

表 A.3 设备设施安全风险参考清单（续）

序号	安全风险描述	属性
3.2.9	在观众区域（上空、地上与地下）、邻近观众进出口通道设置的蒸汽锅炉或中高压压力容器、表演用承压设备（包括液化石油气瓶、液化介质气瓶等）、管道及其相关装置设置在观众区域（上空、地上与地下）、邻近观众进出口通道、人员密集场地场馆建（构）筑物屋面上	a，b
3.2.10	蒸汽锅炉、盛装危险介质或中高压压力容器（含气瓶）、压力管道、蒸汽锅炉、各类气瓶库、液化石油气瓶组站等在游客或员工活动的人员密集场地场馆内设置或紧邻设置	a
3.2.11	特种设备乘客束缚、操纵、控制、制动、限位、限速、限压、温控、限流、强排或泄压爆破等安全装置、附件等配置不全，或失效	b
3.2.12	游乐设施站台间隙不符合要求，存在人员踩空坠落安全风险	b
3.2.13	人员密集区域附近或上方运行的设备设施未设置限位、防倾覆等安全保护装置	a，b
3.2.14	游乐设施、客运索道与演出设备的外置电源与信号线、传感器、接近开关、监控检测仪器仪表、附属装饰物及装饰灯具等存在松动、松脱等问题	b
3.2.15	水滑梯润滑水调节装置失效	b
3.2.16	水上游乐项目乘人浮圈（伐）充气不足或漏气	b
3.2.17	造浪池系统因故障产生巨浪冲击，导致游客受伤	a，b
3.2.18	充气类游乐设施无防风措施或措施不足，导致游客受伤	a，b
3.2.19	巡游花车行驶、转向、控制、制动系统出现故障、失控	a，b
3.2.20	气瓶存在下列问题： 1） 应安装减压器（液化气瓶）、回火防止器（乙炔瓶）、防震圈、防护帽的未安装； 2） 将高压气瓶放置或储存于人员密集场地场馆； 3） 可燃性气体气瓶泄漏； 4） 可燃性气体气瓶距明火过近或采用热源对气瓶进行加热； 5） 液化气体气瓶处于高温、暴晒环境下； 6） 乙炔瓶横躺卧放； 7） 在用气瓶变形破损； 8） 可燃性气体气瓶与助燃性气体气瓶安全距离不足	a，b
3.2.21	空压机保护装置、安全阀、压力表失灵而导致储气罐内压力剧增引起爆炸，或储气罐与管道内不及时排污处理，大量积碳、积油污，存在积碳在高温、高压条件下引起爆炸安全风险	a，b
3.2.22	燃油、燃气锅炉未配置防爆门或放散管，放散管上未设置阻火器，存在可燃介质积聚产生爆炸安全风险	a，b
3.2.23	燃油、燃气锅炉所在的室内建（构）筑物，未设置独立的送排风系统或选用非防爆型通风装置	a，b
3.2.24	蒸汽、热水管道阀门锈蚀破损，连接法兰不严导致泄漏	a，b
3.2.25	起重机械（表演或维修用吊运设备、电葫芦、液压自动升降平台等）设置不当，操作系统位置不利于操作观察	b
3.2.26	起重机械的吊、索具（钢丝绳、吊耳、吊环、吊钩等）变形或损坏，已达到报废标准仍继续使用。或起重机械装置未安装限位装置、未设置急停开关	b

表 A.3 设备设施安全风险参考清单（续）

序号	安全风险描述	属性
3.2.27	台上设备(卷扬机构、驱动、传动、制动机构等)故障、损坏,尤其是表演用卷扬机连接部件断裂、卷扬机移动手柄按键失灵、运行过程中卷扬机制动器失灵	a,b
3.2.28	台下设备(升降台与辅助升降台、移动和旋转设备、升降机构、驱动机构、传动装置、制动器、支撑结构、承重结构等)故障、损坏	a,b
3.2.29	空中设备(舞美装置、舞台威亚、舞台飞行器、单点吊机等)故障、损坏	a,b
3.2.30	特效设备(液氮和蒸汽产生雾特殊设备、制造真火特效设备等)故障、损坏	a,b
3.2.31	剧院影院观众席直接上空悬吊(侧挂)设备,未设置二道保险装置,安全冗余不足	a
3.2.32	演出载人吊架(吊笼吊杆)与高空道具(如飞球)的吊索具(钢丝绳、吊耳、吊环、吊钩、地钩等)变形、损坏,已达到报废标准仍继续使用	a,b
3.2.33	演出使用的其他载人设备(如转环)损坏、断裂	a,b
3.2.34	大型游乐设施、客运索道应急救援设备设施与工器具不齐全或不符合要求	a,b
3.2.35	上述情况以外的其他安全风险	
3.3 燃气设备设施安全风险		
3.3.1	燃气设备设施设置在位于或邻近繁忙道路、人员停留休憩、餐饮娱乐区域时,未设置可靠的安全防护箱、防护网、监控设备	a
3.3.2	燃气管道及附件设置在以下场所: 1) 卧室、客房内; 2) 各类机房、变配电室等设备用房内; 3) 易燃易爆危险品仓库和腐蚀性介质场所内; 4) 电力、供暖、下水等沟槽和烟道、进风道、垃圾道等处	a,b
3.3.3	重要燃气用户建筑内: 1) 燃气调压设备未配置工作调压器和监控燃气调压器; 2) 燃气总管和分配管(支管引接处)上未按要求设置管道紧急切断阀; 3) 燃气调压设备放散口未用金属管道引至建(构)筑物外安全处; 4) 燃气管道未明管敷设,或暗装或暗埋敷设燃气管道未采取安全防护措施; 5) 燃气管道采用金属材料时,未设置绝缘接头,且未采取接地措施	a,b
3.3.4	燃气管道、液化石油气瓶组气化站、储存站存在下列问题: 1) 设置在地下室或半地下室; 2) 管道、阀门等老化; 3) 邻近围墙基础及墙体倾斜、开裂; 4) 被占压; 5) 地阀井被覆盖; 6) 地上燃气设施无防护栏或防护安全距离不足; 7) 现有阀门控制范围较大; 8) 超期服役; 9) 燃气泄漏; 10) 受影响区域内种植深根植物(尤其是人员密集场地场馆); 11) 无地下管道标识或标识错误; 12) 其他影响安全的问题	a,b

表 A.3　设备设施安全风险参考清单（续）

序号	安全风险描述	属性
3.3.5	液化石油气燃具布置在地下室和半地下室。燃具及燃气燃烧设备布置在有腐蚀性介质，或易燃易爆危险品堆存处的房间内	a，b
3.3.6	采用自然气化方式供气的液化石油气瓶组（气瓶总容积小于 1 m^3）设置在建（构）筑物地下室或半地下室内。液化石油气和相对密度大于 0.75 的燃气调压装置，设置在地下室、半地下室和地下单独的箱体内	a，b
3.3.7	歌舞娱乐、马戏等表演场所内敷设可燃气体管道和甲、乙、丙类液体管道	a
3.3.8	人员密集用餐区域、开放式食品加工区使用燃气明火加工食品	a，b
3.3.9	应设置燃气泄漏报警装置的下列场所未设置，或探测器数量不足，存在监测盲点： 1)　建（构）筑物内专用的封闭式燃气调压、计量间； 2)　地下室、半地下室和地上密闭的用气房间； 3)　燃气管道竖井； 4)　地下室、半地下室引入管穿墙处； 5)　敷设燃气管道的通风不良、检修困难房间或吊顶内； 6)　有燃气管道的管道层	a，b
3.3.10	燃气管道燃气泄漏报警装置未定期校验，状况不明或燃气泄漏报警装置已失效	a，b
3.3.11	燃气管道穿过建筑墙壁和楼板时，存在以下情况： 1)　未安装钢质套管或套管内管道有接头； 2)　套管与承重墙、地板或楼板之间的间隙未填实； 3)　套管与燃气管道之间的间隙未采用柔性防腐、防水材料密封	a，b
3.3.12	燃气管道穿过建（构）筑物外墙或基础的部位未采取防沉降措施	b
3.3.13	燃气管道被用作其他电气设备的接地线，或用于支撑、悬挂重物等其他用途	b
3.3.14	应设置燃气紧急切断阀的场所未设置： 1)　地下室、半地下室和地上密闭的用气房间； 2)　一类高层民用建筑； 3)　燃气用量大、人员密集、流动人口多的商业建筑； 4)　重要的公共建筑； 5)　有燃气管道的管道层	a，b
3.3.15	燃气管道与下列物体的距离不符合安全要求： 1)　电气线路、插座、开关、配电箱； 2)　房间门、窗洞； 3)　燃具	a，b
3.3.16	锅炉房、调压柜放散管管口高度不符合安全要求	b
3.3.17	燃气连接软管直接穿越墙体、门窗、顶棚和地面	b
3.3.18	使用非燃气专用软管连接燃具或连接软管超期使用	b
3.3.19	燃气放散管口设置在易积聚的密闭空间或人员频繁活动的场所内	b

表 A.3 设备设施安全风险参考清单(续)

序号	安全风险描述	属性
3.3.20	使用已超国家判废年限或安全保护功能(如熄火保护、防干烧保护等)缺失的燃具	a
3.3.21	建筑燃气用户未设置燃气探测集中报警控制系统或系统失效	a，b
3.3.22	燃气设备设施应设未设速断阀、紧急切断阀、室内燃气泄漏强排风装置等安全装置，或装置损坏失效	a，b
3.3.23	燃气阀门井未配备相应的应急抢险工具或应急抢险工具存在缺失、损坏	b
3.3.24	中压及以上的地下燃气管道未进行计划性、重点性的(开挖)检测	b
3.3.25	可燃气体传感器或探测器设在燃具上方油烟或粉尘聚集的地方，或天然气探测器监测范围大于 8 m，液化石油气探测器监测范围大于 4 m	a，b
3.3.26	景观水体水下燃气管道设置不当、材料不符、支撑固定结构腐蚀等，致使水下燃气管道破损开裂、松脱上浮	a，b
3.3.27	废弃的燃气管道未予拆除或将管道及其检查井封填，未将其与仍在运行的燃气管道及其设备设施有效隔断。对于停止运行的燃气管道及其设备设施，使用单位未督促燃气公司及时进行处置。对暂时没有处置的管道未采取安全措施，未与运行中的室内外管道进行有效隔断	a，b
3.3.28	上述情况以外的其他相关安全风险	
3.4 油罐类安全风险		
3.4.1	油品储罐(地上或埋地)、汽车加油站设备系统、表演用彩火油罐及其输油管道等设置在人员密集场地场馆区域内或紧邻，布置不合理、安全距离不够、缺少安全防护，或设备锈蚀、损坏	a，b
3.4.2	输油管路通过滚石、塌方等区域时，未采用埋设或设置防护挡墙	a，b
3.4.3	应按要求设置防火堤和水封井，或埋地设置的柴油罐，未设置防火堤和水封井，或未埋地设置	a，b
3.4.4	油罐区电缆与热力管道、输油管道同沟敷设	a，b
3.4.5	油罐区电气设施未按防爆要求配置和安装，地面敷设的局部电缆未采用阻燃电缆	a，b
3.4.6	油罐区现场装有电接点压力表或其他产生火花的电气接点	a，b
3.4.7	油罐区现场使用的油温表、油压表、油位计等一次元件不是防爆型设备	a，b
3.4.8	贮油罐外壁处和防火堤外的油管道，未各设置 1 道钢制阀门	a，b
3.4.9	油罐的通气管口低于建(构)筑物顶 1.5 m 以下，未安装阻火器，油罐通气管口未设置呼吸阀，或呼吸阀、阻火器失效	a，b
3.4.10	油管沟在进入建(构)筑物前，未设置防火隔墙，或防火隔墙损毁	b
3.4.11	油罐超标准储存、安全状况差，备用发电机柴油储罐无法检测维护	a，b
3.4.12	油罐区内的排水沟、电缆沟、管沟等沟坑内存在积油	a，b
3.4.13	上述情况以外的其他相关安全风险	
3.5 雷击与静电类安全风险		

表 A.3 设备设施安全风险参考清单(续)

序号	安全风险描述	属性
3.5.1	场地制高点、建(构)筑物、户外大型钢结构构筑物、人员集散广场、游道、观景平台、停车场、人行天桥、连廊、油罐、危险场所及设备设施等应设雷电防护装置、防闪电电涌侵入措施而未设置,或雷电防护装置失效	a,b
3.5.2	高度大于 15 m 的游乐设施,以及应设防侧向雷击的高度大于 60 m 游乐设施,未设雷电防护装置或失效	b
3.5.3	位于雷击频繁地区的客运索道,未在承载索或运载索的上方设置单接闪线或双接闪线,未采取防止雷电形成的高电压从电源入户侧侵入的措施	b
3.5.4	露天水上游乐场所设置的雷电防护装置覆盖不足,或部分失效	b
3.5.5	突发雷暴时直击雷可能闪击的高大孤立建(构)筑物的直击雷防护设施不足或不当	b
3.5.6	存在因雷击导致控制系统失效可能的设备设施,电磁脉冲(感应雷)防护设施不足或不当	b
3.5.7	进出建(构)筑物的燃气管道的进出口处,室外的屋面管、立管、放散管、引入管和燃气设备等处未设雷电防护装置或防静电接地设施	a,b
3.5.8	具有特殊防雷要求的燃气蒸汽锅炉房、易燃易爆、有毒有害场所的雷电防护装置不满足其特殊防雷要求	a,b
3.5.9	储存可燃液体的钢储罐未做防雷接地,或钢储油罐防雷接地点少于 2 处,或沿储罐周长间距大于 30 m	a,b
3.5.10	钢质燃气管道接口法兰连接处、油罐管道连接法兰等处,未用金属导体跨接,或跨接线不牢固,失效	a,b
3.5.11	油罐接地线与电气设备的接地线没有分别装设	a,b
3.5.12	进出油泵房的金属管道、电缆的金属外皮或架空电缆的金属槽,未在油泵房外侧接地	a,b
3.5.13	覆土钢储油罐的呼吸阀、液位计(量油孔)等法兰连接处,未做等电位连接并接地;地上或非充砂管沟敷设的钢管始(末)端、分支处以及直线段未设置防静电接地装置	a,b
3.5.14	油罐的防雷接地电阻超过 10 Ω,燃油区的防静电接地电阻值超过 30 Ω	a,b
3.5.15	储存甲、乙、丙及 A 类液体的钢储罐未采取防静电措施。未设导除静电的耐油软管或单独安装接地装置	a,b
3.5.16	油泵房的门、燃油区的门未设消除人体静电的装置	a,b
3.5.17	易燃易爆介质管道未设置静电消除装置	a,b
3.5.18	上述情况以外的其他相关安全风险	
3.6 电力电气设施设备类安全风险		
3.6.1	埋地高压电缆无位置和走向标识,错误或标识不清楚	a,b
3.6.2	马道、钢构舞台、钢构平台、金属棚架等易导电场所,非安全特低电压电气线路直接缠绕在金属结构上,未加绝缘套管防护	a,b
3.6.3	低压母线、配电箱、电气设备等设置在水管正下方	a,b

表 A.3 设备设施安全风险参考清单(续)

序号	安全风险描述	属性
3.6.4	腐蚀性化学品仓库内的电气线路和电气设备设施未采取有效的防腐措施或防腐措施被破坏	a，b
3.6.5	爆炸危险环境安装非防爆电气设备，或电气设备防爆功能失效	b
3.6.6	游客活动区电气线路存在破损或电气接头导电体外露	a，b
3.6.7	电气线路(包括临时线路)直接敷设在金属燃气管道上	a，b
3.6.8	游客通道上方的临时架空电气线路未采取防坠措施	a，b
3.6.9	沿地面敷设，易被游客踩踏的电气线路未采取机护管保护措施	a，b
3.6.10	电缆沟或电缆穿过墙或楼板的孔洞处，未采用阻燃材料严密封堵	a，b
3.6.11	产生大量蒸汽、腐蚀性气体、粉尘等的场所，未采用封闭式电气设备	a，b
3.6.12	在可燃材料或可燃构件上直接敷设电气线路或安装的电气设备	a，b
3.6.13	可产生高温的用电设备(照明灯具、镇流器、电加热器等)靠近非A级阻燃性能材料，或导线穿越B2级阻燃性能以下装修材料时，未采用岩棉、瓷管或玻璃等A级材料隔热	a，b
3.6.14	人员密集场地场馆内的UPS(不间断电源)电池存在鼓包、漏液或电气触点存在过热现象	a，b
3.6.15	高低压配电房存在下列问题： 1) 温度湿度不满足变配电设备运行要求； 2) 绝缘靴、绝缘手套等安全工器具已过检验有效期； 3) 绝缘靴、绝缘手套等安全工器具不齐全、存放凌乱、保管不良好； 4) 区域警示线及遮拦、围网标识破损或不清晰； 5) 配电房内无管理制度、无电力设备安全操作规程； 6) 电缆夹层、电缆室、室外电缆沟、电缆隧道、电缆进户管等处，未采取防止小动物进入措施及防排水措施，或措施(设施)失效； 7) 配电装置未选用具有“五防”功能(防止误拉合断路器、防止带负荷拉合隔离开关或手车触头、防止带电挂地线、防止带地线合开关、防止误入带电间隔)的成套配电装置； 8) 油浸式电力设备防护措施不足(尤其是临近人员密集场地场馆设置的油浸式变压器)，油浸式电力设备油无应急存放点，或未设置紧急情况时油能排到容纳全部电力设备油的储油池； 9) 接地装置电阻不达标或接地装置出现锈蚀、断裂等现象； 10) 电气柜周围未铺设绝缘胶垫或胶垫破损	a，b
3.6.16	配电箱(柜)存在下列问题： 1) 配电箱安装在游客易触及的游览地段； 2) 室外配电箱未采用防雨型箱体，或设置在低洼易积水处，箱底距地面距离不足200 mm； 3) 配电箱底座、孔洞未采取防止小动物进入箱内的封闭措施； 4) 进、出配电箱的电气线路未进行套管防护； 5) 配电箱金属外壳未可靠接地； 6) 配电箱接线不牢固，电气线路和电气元件存在过热发黑现象； 7) 配电箱0.3 m范围内、箱内、下方堆放可燃物或箱门被遮挡、不便于开启	a，b

表 A.3 设备设施安全风险参考清单(续)

序号	安全风险描述	属性
3.6.17	电气设备存在下列现象: 1) 电气设备和线路运行环境(温度、湿度、室内/外等)不符合使用维护说明书的要求; 2) 电缆、插头外观破损,带电体外露; 3) 电气设备运行时存在异味、异响; 4) 电气设备未与可燃物保持安全距离; 5) 电气设备与电气线路、保护元件的规格参数不匹配	a,b
3.6.18	应装设漏电保护装置而未装的电气设备设施: 1) 属于Ⅰ类移动式电气设备及手持式电动工具; 2) 生产经营用的电气设备; 3) 施工工地的电气设备; 4) 安装在户外的电气装置; 5) 临时用电的电气设备; 6) 除壁挂式空调插座外的其他插座或插座回路; 7) 游泳池、喷水池、浴室、浴池的电气设备; 8) 安装在水中的供电线路和设备; 9) 水族馆、水泵房等潮湿场所用电设备; 10) 汽车充电桩; 11) 其他应设未设的电气设备设施	a,b
3.6.19	漏电保护装置存在下列问题: 1) 漏电保护装置性能参数不匹配; 2) 漏电保护装置失效	b
3.6.20	游客可触摸、操作、易接触的电气元件、易被儿童接触的照射灯等,未采用安全特低电压供电。公众场合电源插座距地高度低于 1.8 m 时,未采用安全型电源插座	a,b
3.6.21	人员居住的房间配电箱内的插座回路,室外景观照明、泛光照明配电回路、安装在水泵房等潮湿场所的电气设备以及使用非安全特低电压的装饰照明设备,未装设漏电保护装置,或功能失效	a,b
3.6.22	建(构)筑物周围安装的易被人员接触的立面照射灯,未采取防灼伤和防触电措施	a,b
3.6.23	特定环境(如金属容器内和潮湿环境)中应采用安全特低电压的设备(游客操作设备、设备检修和汽车检修用行灯)或应设置安全特低电压照明设备,未采用安全特低电压	a,b
3.6.24	靠近非 A 级装饰材料或构件部位的易产生高温的电气设备、线路、照明灯具等,未采取隔热、散热等防火保护措施,或与窗帘、帷幕、幕布、软包等装修材料距离小于 500 mm	b
3.6.25	在高低压线路下方,搭设作业棚、建造生活设施,或堆放构件、架具、材料及其他杂物等	b
3.6.26	林地或植被茂密区域,电气线路直接敷设在枯枝落叶堆积层	a,b
3.6.27	穿越易燃、可燃夹芯板的电气线路,未加阻燃套管有效防护	a,b
3.6.28	电机外壳及底座、电缆表皮、电缆桥架、金属灯架等外露金属部分未接地(或接零)保护	a,b
3.6.29	路灯、交通信号灯、车站广告灯箱没有接地措施,或接地电阻不符合安全要求	a,b

表 A.3 设备设施安全风险参考清单（续）

序号	安全风险描述	属性
3.6.30	高杆灯检修门离地高度低于 500 mm，无防水措施且未上锁	a，b
3.6.31	在户外公众场合设置的电源插座未做好防水措施，距地高度低于 1.8 m 的插座未采用安全型插座	a，b
3.6.32	移动式插座多次串接使用或连接的用电设备功率超过插座额定功率	a，b
3.6.33	户外电气设备（如户外 LED 装饰灯带或灯箱等）外壳防护等级不符合要求，可能进水导致短路或漏电	a，b
3.6.34	车辆充电设施存在下列问题： 1） 设置在易被水淹的低洼区域； 2） 与爆炸危险建筑毗邻，安全距离不满足爆炸危险环境电力装置设计规范的要求； 3） 设置在草料仓库、植被茂密林地等可燃物密集的区域内； 4） 充电电缆破损，导体外露； 5） 充电插头绝缘部分老化、破损，端子存在发黑、过热的痕迹； 6） 充电时，在充电设备、充电电缆、蓄电池上放置可燃杂物； 7） 私接临时线路或串接排插为车辆充电； 8） 缺少充电安全标志标识	a，b
3.6.35	砂轮机、电钻等电动工具的绝缘外壳破损或护套线破损	a，b
3.6.36	人员密集场地场馆安装表面温度大于 60 ℃的落地式景观照明，未采取围栏或距离防护	a，b
3.6.37	人员密集场地场馆安装的灯具玻璃罩存在开裂、老化现象，且未采取防止其向下溅落的措施	a，b
3.6.38	大型扬声器设备未单独固定，或未采取防止工作时松脱、坠落、与墙面和吊顶产生共振的保护措施	a，b
3.6.39	临时电力线路存在下列问题： 1） 未建立临时用电作业许可制度，未经审批许可临时用电； 2） 临时线路导线绝缘差，其截面不能满足用电负荷和机械强度的需要； 3） 低压临时线路敷设未避开易碰撞、热力管道、积水等易造成绝缘损坏的地方； 4） 在各种支架、脚手架、树木或其他设施上挂线； 5） 临时线路未设置一个能带负荷拉闸的总开关控制，每一分路未装保护设施； 6） 装在户外的开关、熔断器等电气设备无防雨设施； 7） 临时线路连接的电气设备金属外壳和支架未能接地（或接零）线，或接地不良好； 8） 临时线路放在地面通道的部分，未采取可靠的保护措施（盖板防护），潮湿、污秽场所的临时线路未采取特殊的安全保护措施； 9） 临时线路与建（构）筑物、树木、设备、管线间的距离不符合安全要求； 10） 在严禁架设临时线路的爆炸和火灾危险的场所架设临时线路； 11） 现场临时用电线路布置不规范（横贯交通通道的线路无护管保护等），或临时线路绝缘破损； 12） 临时用电插座沿地面敷设时未采用专用插座； 13） 临时用电结束后未按要求及时拆除用电设备及电缆	a，b
3.6.40	上述情况以外的其他相关安全风险	

表 A.3 设备设施安全风险参考清单(续)

序号	安全风险描述	属性
3.7 其他设备设施安全风险		
3.7.1	水族箱设备、管网系统设置不当,难以或无法检测维护,年久失修	a,b
3.7.2	极地动物馆制冷系统设置不当,无冗余或备用设备设置位置不当	a,b
3.7.3	重要运营用水泵(过滤水泵、生化水泵、冷却泵)、防御气象灾害的潜水泵、潜水排污泵、集水井(排污泵)配置不够,能力不足,或损坏	a,b
3.7.4	水景工程水泵存在下列问题: 1) 循环水泵未采用潜水泵; 2) 采用潜水泵未直接设置于水池底,或在水体 2 区以外设置管道泵; 3) 娱乐性水景的供人涉水区域设置水泵	a,b
3.7.5	潜水设备存在缺陷或安全状况不清	b
3.7.6	动物笼舍内的取暖制冷设备及其防护网罩损坏	a,b
3.7.7	船只(尤其游览观光船)建造质量不佳,安全配置欠缺,疏于检修维护	a,b
3.7.8	烟花爆竹燃放设备放置位置错误(燃放朝向人群)或损坏、倒塌造成燃放位置错误	a,b
3.7.9	表演用无人机存在以下问题: 1) 应有桨叶保护罩的无人机,实际未安装; 2) 群控无人机未设置电子围栏; 3) 载货飞行; 4) 起飞电池电量低于 50%; 5) 无人机机体外观有可见破损仍在飞行	a,b
3.7.10	演职人员演出道具造型尖锐、锋利,存在误伤游客安全风险	a,b
3.7.11	防灾避险设备、应急救援设备(吊车、索具、索道救援用小飞人与滑行小车等),存在设置不当、功能不全、损坏等问题	a,b
3.7.12	儿童游戏机、骑行(乘坐)玩具等娱乐设施以及电气线路未定期进行维护保养与安全检测	a,b
3.7.13	卡式气炉放置不当或使用不当	a,b
3.7.14	机械加工设备(包括切削设备、冲压设备、成型设备、焊接设备、木工机械、食品加工机械)存在下列问题: 1) 转动或快速移动部位/部件裸露,未设可靠的安全防护罩、防护栏杆或防护挡板; 2) 有可能造成缠绕、吸入或卷入、刺割等危险的运动部件和传动装置未设置防护罩,或防护罩的安全距离不符合标准规定; 3) 设备外壳未接保护零线,且绝缘较差; 4) 未接漏电保护装置; 5) 木工电锯无皮带防护罩、锯片防护罩、分料器和护手装置,或锯片有裂纹; 6) 上述防护设施损坏失效	a,b
3.7.15	人员进出的冷库设备,冷库门关闭后无法从内部开启	a,b
3.7.16	危险化学品存储设备年久失修、变形、开裂或损坏	a,b

表 A.3 设备设施安全风险参考清单（续）

序号	安全风险描述	属性
3.7.17	采用蒸汽的熨烫烘干设备的承压部件年久失修、变形、开裂或损坏	a，b
3.7.18	涉及烘制、油炸等设施设备，未采取防过热自动报警切断装置和隔热防护措施	a，b
3.7.19	涉及淀粉等可燃性存在粉尘爆炸危险的场所，未设置除尘系统，未设置防止粉尘爆炸的设备设施	a，b
3.7.20	铺设在地下停车场内天花的电线电缆、消防喷淋水管、通风管道等设施，其金属支撑结构不牢固，存在承载力不足导致塌陷、坠落安全风险	a，b
3.7.21	地下停车场通风设施的排风量、排烟量达不到标准要求，存在发生火灾火势迅速扩大蔓延安全风险	b
3.7.22	上述情况以外的其他相关安全风险	
注 1：本清单所列举的安全风险和分类可以作为识别有关安全风险的起点和参考。 注 2：本清单所列举的安全风险中属于“根源危险源”的，“属性”栏内标识“a”；属于“事故隐患”的，“属性”栏内标识“b”。		

表 A.4 业务活动与作业安全风险参考清单

序号	安全风险描述	属性
4.1 业务活动类安全风险		
4.1.1	游乐园内总体区域布局混乱，游客主要活动路线、活动场地周边区域设置后勤生产场所，不同功能区内的车流、物流、外来与内部人流相互干扰	b
4.1.2	运输烟花爆竹路线设置在对客运营区，并在开园期间随意通行	a，b
4.1.3	现场运营服务人员或后勤工作人员配置不满足当天客流量接待服务要求	
4.1.4	危化品运输车辆的行驶路线靠近或穿越游客活动路线	a，b
4.1.5	游客活动路线区域、游客进出的人造观景及装饰性物体、人员游玩洞穴或通行涵洞等，采光、通风、排水设施不齐全或失效	a，b
4.1.6	游客活动路线存在下列问题： 1） 预设的观赏、拍照点不合理，构成动态障碍物； 2） U 形转弯处因外弯路线长，形成瓶颈口及游客对冲； 3） 高人群密度区域游道经过台阶，未设缓坡，存在踩踏安全风险； 4） 允许婴儿车进入的活动路线，中途未设置缓冲区，以备父母停下护理婴儿； 5） 单向路线上，前后景点容量不匹配且未设置控制关口、排队区、缓冲区或分流措施； 6） 活动路线中有横向电气布线、低矮景观小品等磕绊障碍物，或防暴恐阻车墩布局不合理； 7） 园区、表演场散场、园区闭园时，游客通行疏散走道瞬时流量过大，未采取客流管控措施； 8） 活动路线未预留工作通道和应急通道，不能确保工作人员及时抵达异常地点，或紧急情况下人群疏散	b

表 A.4 业务活动与作业安全风险参考清单（续）

序号	安全风险描述	属性
4.1.7	对于新增运营项目，存在下列情况： 1） 未开展运营前的安全风险识别、评估，或未针对识别出的安全风险（尤其是重大安全风险）采取针对性管控措施； 2） 未对项目建造质量进行管控或监督，未开展项目检查验收或竣工验收； 3） 新投入运营的载人设备未建立使用操作规程； 4） 未开展运营前的压力测试； 5） 未对演员行为动作进行规范约束； 6） 演出道具的造型、材质选择上未考虑其安全性； 7） 现场应急硬件条件配置不满足要求； 8） 未建立相关应急预案（含现场应急处置方案）或应急情况未考虑周全； 9） 未开展应急演练验证应急预案有效性； 10） 未定期进行安全总结与改进； 11） 其他	b
4.1.8	对于运营项目的安全风险管理，存在下列情况或问题： 1） 常规运营项目发生变化时（如改建、扩建，长期关闭后重开），未重新进行安全风险识别并建立清单； 2） 季节性或特殊运营项目（如涉火、涉水项目、鬼屋与密室逃脱等）未进行安全风险识别并建立清单； 3） 非常规运营项目（大型活动、短时性或一次性业务活动）未进行安全风险识别并建立清单； 4） 安全风险较高的运营项目（包括但不限于大型载人设备、涉火、涉水、水族馆等）未定期进行安全总结与改进； 5） 其他	b
4.1.9	游客活动路线、游客通道设置不合理，易产生人员拥挤踩踏；人员引导疏散避险措施，应急避险场所的设置不能保障异常情况下快速、便捷疏散要求	b
4.1.10	未对高峰客流与大型活动进行有效管控，存在下列问题： 1） 各设定区域的人流密度超过控制人数； 2） 在高安全风险、热点地段，拦截疏导措施不力，出现局部热点、瓶颈； 3） 活动路线上前后关口的放行速度不匹配，造成游客滞留； 4） 无限流措施（物理隔离、单向慢速、分流）或措施不利； 5） 突然加塞物理屏障或撤除物理隔离屏障，引起推挤、拥挤； 6） 人为指挥疏导错误，构成人流对冲； 7） 采用强度不足、不稳定物理分隔措施，或易倾覆的装置； 8） 未及时辨识游客滞留，疏导分流； 9） 疏导指挥工作不协调、沟通差，工作人员将游客指引往拥挤点； 10） 预计局部人群密度大于或等于 2 人/m^2，且总人数大于 1 000 人的区域，设计活动路线时未采取物理措施分片，或分片方格中人群较多； 11） 对密集人群中下蹲、在狭窄通道中停留/逆行等安全风险行为纠正不力	a，b
4.1.11	游览路线上存在进出场关联关系的场馆，场次时间未进行控制，造成人流叠加或对冲	a，b
4.1.12	室外游乐项目防暑措施不到位，存在游客或员工中暑的安全风险	b

表 A.4 业务活动与作业安全风险参考清单（续）

序号	安全风险描述	属性
4.1.13	赠品发放时机、地点不合适（如在阶梯、斜坡处发放赠品），哄抢引发拥挤踩踏	b
4.1.14	热点分布不均匀，存在局部单一热点，或多个热点布置在同一区域	b
4.1.15	未对进出场人数进行计数，未根据统计所得的人数，人工与该区域所预设的平均密度、局部密度等数值进行比对预警	b
4.1.16	未对人群、车流转移趋势进行监视，对产生瞬间大客流未及时知会关联区域、关联单位预采取措施	b
4.1.17	对热点设施、演艺和明星效应考虑不足，调控措施不力	b
4.1.18	未考虑大型活动拖延、取消、提前终止的安全应对方案	b
4.1.19	消防安全重点部位、地质灾害风险点等重大安全风险未列入巡更点清单，未按规定在正常运营时段、非运营时段（如夜间、闭园、运营项目关闭）、特殊时段（高峰时段、大型活动与气象灾害等）进行巡查巡更	b
4.1.20	对游客运营场地存放易燃易爆等危险物品，且处于无管控状态	a，b
4.1.21	对游客提供的孩童推车或特殊群体轮椅损坏，质量缺失，车身不稳等	a，b
4.1.22	上述情况以外的其他相关安全风险	
4.2 管理类安全风险		
4.2.1	安全管理未覆盖游乐园全地域、全时段、全范围、全过程、全部管理对象	b
4.2.2	未掌握本单位的安全管理重点或重点不清晰	b
4.2.3	未设专兼职安全管理人员、未制定并落实单位各层级、各岗位人员的安全职责（包括安全管理人员）	b
4.2.4	未制定相关安全体系文件，或安全体系文件适用性差，或未有效实施	b
4.2.5	作业人员未落实重要作业审批制度，擅自作业	b
4.2.6	作业人员对作业重要工艺不清楚，或工艺规定混乱、执行差	b
4.2.7	未根据具体的作业特点选择合适的劳动防护用品，如眼睛及面部防护、身体防护、呼吸保护、安全带等	b
4.2.8	作业现场未指定现场监护人及属地监督人员实施现场监督	b
4.2.9	应经培训考核或取得专业资格的操作、检查维护、检验检测、安全管理等法定从业人员，未经培训考核或未取得专业资格而从事相关工作	b
4.2.10	相关法定人员、重要从业人员未经严格培训考核，不具有本岗位相应的安全操作、故障处理、识别安全风险、应急处置等能力	b
4.2.11	特种设备设施安装或改造结束后，使用单位未要求制造（改造）单位或其授权的安装单位对相关作业人员进行安全管理、操作、故障辨识与处理、应急处置等方面的培训	

表 A.4 业务活动与作业安全风险参考清单（续）

序号	安全风险描述	属性
4.2.12	对外部相关方资质评审与选择、安全协议签订、培训与安全风险告知、作业过程检查监督、交付质量验收等管控不力	b
4.2.13	未制定针对性现场处置方案、应急预案，未建立满足要求的专兼职应急救援队伍，未按规定配备应急设施、装备、物资，未按规定开展针对性应急救援演练	b
4.2.14	应急演练或应急处置时，应急人员未掌握应急处置方法和安全注意事项	b
4.2.15	上述情况以外的其他管理类安全风险	
4.3 涉及设备设施的作业安全风险		
4.3.1	对于停止运行的燃气管道及其设备设施，使用单位未督促燃气公司及时进行处置。对暂时没有处置的管道未采取安全措施，未与运行中的室内外管道进行有效隔断。人员未查阅设备设施前日运行记录情况，对于设备设施异常记录未核实确认整改情况	a，b
4.3.2	游乐设施操作人员和服务人员未向游客进行安全提示，未向游客讲解安全注意事项或操作指南	a，b
4.3.3	操作人员、服务人员在设备设施运行过程中，未站在安全线以外的安全区域，或在运行区域走动或穿越	a，b
4.3.4	游乐设施运行前，服务人员未对安全压杠、安全带、座舱锁紧装置等安全装置逐一检查确认。当检查发现安全压杠有空行程，安全带破损（带扣不牢固），锁紧装置失效，或其他安全装置有问题的座位（座舱），仍允许游客乘坐	a，b
4.3.5	游客做出明令禁止的行为时，服务人员、操作人员未及时予以纠正	b
4.3.6	设备人员在作业过程中发现异常情况、故障、事故隐患或者其他不安全因素，未立即停止运行，或不向上级报告。设备使用管理人或运营部门负责人未采取措施查清原因仍允许使用	b
4.3.7	遇到恶劣天气时，服务人员未及时向游客报告天气变化情况，未停止运行室外高空游乐设施、室外水上游乐项目等，未引导游客避险或采取其他措施	b
4.3.8	设备检修、清理工作前，工作人员未进行安全交底，未做好现场的安全措施和现场的安全交底等	b
4.3.9	操作人员、维修人员对自检发现的典型缺陷未进行全面系统排查，或对自检与排查发现的缺陷未及时进行修理整改	b
4.3.10	作业人员进行承压设备拆除作业时，未采取防止剩余气体伤人措施	a，b
4.3.11	设备运行（尤其是游乐设施与客运索道）时，人员违章指挥异物（如吊车）侵入其安全运行空间	a，b
4.3.12	起重作业起吊物系挂位置错误，或起吊前未评估起吊物重量	a，b
4.3.13	吊装作业工作地面不平整坚实，起重机械支脚未全部伸出垫牢，产生机械倾斜不平稳	a，b
4.3.14	人员在起吊物下作业、停留	a，b
4.3.15	木材加工作业时，未对设备产生火花采取防护，导致火焰引燃木屑、粉尘，导致火灾、粉尘爆炸	a，b

表 A.4 业务活动与作业安全风险参考清单（续）

序号	安全风险描述	属性
4.3.16	喷涂作业静电产生的火花引燃可燃气体导致火灾和爆炸。喷漆设备、供漆容器及输漆管路未设可靠的导除静电装置，与静电喷漆室相关联的通风管道未设自动防火调节阀或装置失效	a，b
4.3.17	人员进入喷漆室前未进行静电消除。喷漆室的可燃气体浓度检测和报警装置未与停止供料装置、电源切断装置、自动灭火装置等联动	a，b
4.3.18	在下列禁止区域进行无人机表演/飞行作业： 1） 人员密集场地场馆内游客上方； 2） 飞入正在运行的游乐设施、缆车等设备设施的运动包络线及相应的安全距离内； 3） 飞入正在高处作业、特技表演（如空中飞人）等危险作业的区域	a，b
4.3.19	运输车辆运在输作业过程中存在下列问题： 1） 严重超载； 2） 车辆的维护保养没有按规定执行，或漏项； 3） 车辆没有配备车用灭火器及故障车警告标志； 4） 车辆电路绝缘老化、油路老化、软化，易漏油	a，b
4.3.20	电瓶车驾驶员存在以下情况或行为： 1） 无证驾驶； 2） 因身体不适/食用药物出现反应迟钝、瞌睡等不良情况； 3） 驾驶过程中，接听电话、分心等； 4） 超速驾驶	a，b
4.3.21	对于设备设施方面存在的各类安全风险疏于管控，以及上述情况以外的其他安全风险	
4.4 动火作业安全风险		
4.4.1	在以下具有安全风险的部位或场地场馆内进行动火作业： 1） 易燃易爆场所，危险品库房 12 m 范围内； 2） 对盛装可燃、易燃易爆、有毒介质的容器、设备、管线及其附属（辅助）设备的动火作业； 3） 对各类承压设备的动火作业； 4） 在封闭或半封闭的室内、容器内、地下室内等场所； 5） 可能散发可燃气体或蒸汽的场所； 6） 森林防火区内； 7） 其他火灾危险性大，发生火灾损失大、伤亡大、影响大的重点防火部位，或需列入特殊危险动火管理的部位或场所	a，b
4.4.2	动火作业管理存在以下问题： 1） 未办理动火作业许可或固定动火作业审核备案； 2） 未落实安全措施或安全保障方案； 3） 未清理易燃、可燃物； 4） 未设置现场动火作业监护人； 5） 作业时间、作业地点、作业内容、作业人员之一发生变化且未重新办理动火作业许可； 6） 安全保障方案未经批准随意变动	b

表 A.4　业务活动与作业安全风险参考清单（续）

序号	安全风险描述	属性
4.4.3	在动火作业现场存在以下问题： 1）　作业人员未对动火作业区域实行有效封闭围挡或防火隔离； 2）　凡能拆移的动火部件，未拆移到安全的固定动火区进行作业； 3）　动火部件不能拆移时，未将动火区域周围的可燃、易燃物清理或移至安全位置； 4）　未配置灭火器材等消防设备； 5）　动火部件及周围可燃、易燃物均无法采取拆移，可能对毗邻建（构）筑物和地下管线等造成损害时，未采取可靠的专项隔离防护措施	b
4.4.4	进入受限空间的动火作业存在下列问题： 1）　未将内部物料除净，未对易燃易爆、有毒有害物料进行吹扫和置换，打开通风口或人孔； 2）　未采取空气对流或机械强制通风换气措施； 3）　作业前未检测含氧量，易燃易爆气体和有毒有害气体浓度，气瓶及焊接电源放置在受限空间内及出入口处； 4）　未根据作业环境配备空气呼吸器或软管面具等隔离式呼吸保护器具，以及其他必要的救援装备	a，b
4.4.5	在森林防火区内实施烧荒作业，未采取收集移除的方式将枯叶、杂草运输到森林防火区外指定的安全地点进行处理	a，b
4.4.6	对于动火作业方面存在的各类安全风险施予管控，以及上述情况以外的其他安全风险	
4.5　动土作业安全风险		
4.5.1	作业人员未确认动土区域地下隐蔽公用设备设施情况，未审查施工单位动土作业方案与实际情况的符合性	b
4.5.2	房屋、道路拆除作业时，未探明地下电缆、燃气管道等，盲目拆除	b
4.5.3	动土作业存在以下问题： 1）　在滑坡地段随意开挖，未采取相应安全措施； 2）　在靠近建（构）筑物、设备基础、路基、高压铁塔、电杆等附近开挖时，未采取相应安全措施； 3）　高边坡开挖时，未对边坡进行稳定性监测； 4）　高陡边坡处作业时，未分高程设置马道、防护栏栅； 5）　边坡支护时，施工单位无专人对危石进行巡查、辨识、观察或警戒； 6）　开挖施工部位存在断层、裂隙、破碎等不良地质构造； 7）　未办理动土作业施工告知/许可； 8）　未开展现场动土作业安全监督	a，b
4.5.4	工程发包单位未向施工单位进行作业区域地下及周边情况现场交底，严格认定动土作业边界	b
4.5.5	现场作业人员未进行安全教育和安全技术交底，现场作业人员对动土作业安全保障方案要求和安全管理重点不清楚	b
4.5.6	现场作业人员未对动土地点的地下水、电、燃气等管网或其他公用设施走向和深度予以确认，或未进行有效标记	b

表 A.4 业务活动与作业安全风险参考清单（续）

序号	安全风险描述	属性
4.5.7	对于施工不当可能造成爆炸及火灾事故事件的动土作业，工程发包单位未指派人员对施工单位采取的安全防范措施、现场警戒防护、现场监护人员能力与配备轮值、应急处置或救援人员、应急设备设施工器具配备等情况进行现场确认	b
4.5.8	可能对其他管线或者市政、绿化、建(构)筑物等设施造成影响的动土作业，作业人员未采取相应保护措施并通知有关单位指派人员到场监督	a，b
4.5.9	涉及户外地下燃气管线附近(指计划动土区域周边 10 m 范围内，有燃气地面标识，或者有地上燃气管道、设施等)的动土作业，工程发包单位未提前以书面形式通知燃气公司，并按照燃气公司的安全要求采取管线保护措施，落实措施并经燃气公司书面批准后动土	a，b
4.5.10	动土作业现场作业人员未按照事前审批的作业点边界、地下隐蔽设施现场标识开展工作，擅自变更动土作业内容、范围、地点和路线	b
4.5.11	动土作业依据的勘察文件与实际情况不符，如施工现场及毗邻区域内供水、排水、供电、供气、供热、通信、广播电视等地下管线资料，气象和水文观测资料，相邻建(构)筑物、地下工程的有关资料	b
4.5.12	对于动土作业方面存在的各类安全风险疏于管控，以及上述情况以外的其他安全风险	
4.6　电气作业安全风险		
4.6.1	停送电操作前未向相关部门告知，停电后未上锁、挂牌，操作高压开关时未使用绝缘棒	a，b
4.6.2	高压倒闸作业未经许可，发生故障强行倒闸，倒闸未上锁，倒闸时未实行双人作业	a，b
4.6.3	电气施工作业前未先验电；配电柜、进出线柜等电气设备上安装开关、接线时，未断开电源总开关，未上锁挂“有人作业，禁止合闸”的标志牌；采用搭接、绕接等方式接线等	a，b
4.6.4	对于电气作业方面存在的各类安全风险疏于管控，以及上述情况以外的其他安全风险	
4.7　其他危险作业安全风险		
4.7.1	作业人员对游乐园内或邻近区域自然环境(山体、水坝、河流)存在的安全风险监视巡查不力	b
4.7.2	作业人员对游乐园内或邻近区域人工河湖调蓄利用与安全排放措施操作不当，导致游乐园内场地、道路水淹	b
4.7.3	作业人员未对场地(尤其是大型活动场地)、道路、建(构)筑物及其内外悬吊、侧挂物等进行制度化的检查与维护保养，或存在项目缺漏	a，b
4.7.4	焊接与热切割作业及塔吊、脚手架在使用和拆装过程中的安全管理不到位	b
4.7.5	在允许操作的地方和焊接场所，未设置不可燃屏板或屏罩隔开，未形成焊接隔离间；未清除作业周边的易燃易爆物质	b
4.7.6	厂内机动车或汽车在运行过程中人货混装，运输时包装物堆放过高或捆绑不牢	a，b
4.7.7	作业人员对易燃易爆材料进行敲打、碰撞、摩擦等可能出现火花的操作	a，b
4.7.8	作业人员使用油漆等挥发性材料时，未及时封闭其容器	a，b

表 A.4 业务活动与作业安全风险参考清单(续)

序号	安全风险描述	属性
4.7.9	作业人员使用易燃易爆稀释剂(如天那水)清洗设备设施,未采取有效措施及时清除,积聚在地沟、地坑等有限空间内	a,b
4.7.10	作业人员清洗地面时使用易燃易爆清洗剂,室内通风不畅,可燃气体积聚	a,b
4.7.11	作业人员对于存放易燃易爆物质或因化学作用而产生易燃易爆物质的罐体、管道及其他密闭或半密闭设施进行拆卸检修作业前,未进行清洗或置换,未检测确认易燃易爆气体积聚情况即开始作业	a,b
4.7.12	作业人员未划定现场作业区域,未设置安全标志标识,未指派人员现场警戒防护,非作业人员随意进入作业现场	b
4.7.13	作业人员携带火种或火源(如打火机、火柴、香烟、手机、对讲机等)进入库房,或在易燃易爆化学品库区内及库区周围 30 m 内吸烟或擅自动用明火作业	a,b
4.7.14	装卸物品后,在库区、库房内停放和修理机动车辆;装卸时人员背负肩扛,摔、撞击、拖拉物品等	a,b
4.7.15	人员攀、坐在不安全位置(如平台护栏、汽车挡板、吊车吊钩等)	b
4.7.16	人员在禁烟区抽烟,或随地扔弃烟头,存在火灾安全风险	b
4.7.17	作业人员误用或误入报废的建(构)筑物、设备设施、工器具、物质、原材料等	a,b
4.7.18	动物处于狂躁、忧郁、精神不集中等精神状态时,或者动物处于发情、交配、分娩、哺乳等生理期,仍进行动物行为训练或放展	a,b
4.7.19	动物运输前,未开展针对性的行为训练,未投喂抗应激药物等预防动物应激措施	a,b
4.7.20	游览观光车辆直接进入猛兽动物、大型类人猿、特大型食草动物(象、犀牛等)活动区域,车辆与动物之间未设置沟式隔离	a,b
4.7.21	动物行为展示、表演、互动过程使用的彩球等道具,存在砸伤游客可能	a,b
4.7.22	动物展示过程中,由于动物受到惊吓或动物情绪发生变化,存在动物逃逸或伤人的安全风险	a,b
4.7.23	演员在人员密集场地场馆进行移动式烟花表演	a,b
4.7.24	饲养人员在大型鱼类、猛兽展区上方行走、投喂,未做好安全防护	a,b
4.7.25	作业人员、游客误触具有毒性、攻击性强的海洋动物(如水母、狮子鱼、鳗鲶等)	a,b
4.7.26	演员违规进入动物笼舍	b
4.7.27	存在有毒有害气体释放的作业空间,未设置专用的自动监测、报警装置,且未对装置进行定期检测	a,b
4.7.28	办公人员存在以下影响办公场所安全的行为: 1) 携带管制刀具,易燃易爆、剧毒等危险物品及其他违禁品进入办公场所; 2) 在消防通道上摆放物品,堵塞疏散通道; 3) 高空抛物,阳台上摆放容易掉落的物品; 4) 在办公区域或非指定吸烟区吸烟; 5) 在办公场所留宿	b

表 A.4 业务活动与作业安全风险参考清单（续）

序号	安全风险描述	属性
4.7.29	办公、住宿人员存在包括但不限于以下的不安全用电行为： 1) 使用三无电气、电热设备； 2) 随意乱接电线，擅自增加用电设备； 3) 电气、电热设备靠近可燃物，且未采取隔热、散热等防火保护措施； 4) 电动自行车在不符合消防安全条件的室内场所及疏散通道、安全出口、楼梯间等停放、充电； 5) 携带电动自行车、电动平衡车或其电池等进入电梯和办公场所； 6) 电气线路、设备长时间超负荷运行； 7) 办公场所、宿舍内串接使用移动式插座； 8) 办公场所、宿舍内违规使用大功率电气设备； 9) 办公人员下班、离开宿舍时，未关闭电脑、照明、空调、充电装置等非必要电源；员工餐厅在每日营业结束后，未切断场所内非必要电源	b
4.7.30	上述情况以外的其他安全风险	
4.8 紧急情况报告与处置过程安全风险		
4.8.1	发生突发事件或安全事故时，现场人员未立即停止作业，未及时启动现场处置方案或应急预案进行处置或救援	b
4.8.2	对于可能造成火灾、爆炸或较大次生灾害的险情，未立即报告游乐园相关部门及属地安保部门，未及时撤出作业人员及设备、划定安全警戒区，未设置明显警告标志和警戒人员	b
4.8.3	对于动土作业导致燃气管线泄漏时，施工单位未立即向属地单位、燃气公司报告或瞒报	b
4.8.4	发生突发事件或安全事故时，工程发包单位和属地部门未按游乐园规定及时向相关管理人员报告。安全事故或事态进一步扩大时，未采取进一步安全防范措施。未向地方公安、应急管理部门报告	b
4.8.5	上述情况以外的其他紧急报告与处置类安全风险	

注 1：本清单所列举的安全风险和分类可以作为识别有关安全风险的起点和参考。

注 2：本清单所列举的安全风险中属于“根源危险源”的，“属性”栏内标识“a”；属于“事故隐患”的，“属性”栏内标识“b”。

表 A.5　危险物品及有害废弃物安全风险参考清单

序号	安全风险描述	属性
5.1	游乐园日常运营中可能使用的以下危险物品： 1)　表演场所丙烷、烟花、油品、火焰、汽油、烟花喷花机材料(金属钛粉、金属镁粉)； 2)　遇水能产生大量氯气的水处理剂(TCCA 等)； 3)　餐饮场所的用气(含瓶装气)； 4)　贮罐区(贮罐、储油罐)； 5)　丁烷(俗称卡式气)； 6)　食用油、酒精、酒类等可燃物、施工用可燃物、爆炸物； 7)　装修材料、草料等可燃物； 8)　七氟丙烷灭火器、二氧化碳气体、二氧化碳液体灭火器； 9)　农药、化肥等； 10)　有害废弃物； 11)　其他在用一般化学品	a
5.2	危险物品超量储存	a，b
5.3	危险物品未根据其化学性质分库、分区、分类储存，在危险物品仓库内堆积可燃性废弃物，禁忌物料混存	a，b
5.4	甲、乙、丙类液体库房未设置防止液体流散的设施，遇湿易发生燃烧爆炸的危险化学品库房未采取防止水浸渍的措施，危险化学品直接落地存放，未设置防潮设施(一般垫 15 cm 以上)，遇湿易燃物品、易吸潮融化和吸潮分解的化学品未根据实际情况加大下垫高度	a，b
5.5	遇水、遇潮、遇热能引起燃烧、爆炸或发生化学反应产生有毒气体的危险化学品，露天或在潮湿、积水的建(构)筑物中储存	a，b
5.6	受日光照射能发生化学反应引起燃烧、爆炸、分解、化合或能产生有毒气体的危险化学品，未储存在一级耐火等级建(构)筑物中，其包装未采取避光措施	a，b
5.7	危险化学品仓库未委托具备资质的评估机构每 3 年进行一次安全评估，或未出具安全评估报告	a，b
5.8	各类危险化学品分装、改装、开箱(桶)检查等未在库房外进行；泄漏或渗漏危险化学品的包装容器，未移至安全区域	a，b
5.9	危化品危险化学品及可燃介质储存设施破损泄漏	a，b
5.10	危化品仓库、LPG/LNG 瓶组间/站等室内存放无关的物料	a，b
5.11	使用属性不明的化学品	a，b
5.12	对相关方在游乐园内存放的化学品底数不清，未对其运输、仓储、使用环节进行管控	a，b
5.13	危险物品仓库设置在人员密集场地场馆或前场运营区域，开放式管理，门窗未上锁	a，b
5.14	在用的危化品未设置明显安全标志或安全标志不规范： 1)　标签欠缺、模糊、错误； 2)　现场无化学品安全技术说明书(SDS)或内容不齐全； 3)　未纳入台账进行出入库登记	a，b
5.15	购买国家禁止生产的含氯酸钾产品、“三无”、劣质危险化学品	a，b

表 A.5　危险物品及有害废弃物安全风险参考清单（续）

序号	安全风险描述	属性
5.16	烟花爆竹未根据产品的含药量和限定药量要求，将其折算成易于辨识的单位数量标示在仓库的显著位置(最大允许存放个数、筒数、件数、箱数等)	a，b
5.17	烟花爆竹堆垛间未留有检查、通风、装运的通道，堆垛与堆垛之间的距离小于 0.7 m，堆垛距内墙壁距离小于 0.45 m；通往安全出口的主通道宽度小于 1.5 m	a，b
5.18	在库房内进行烟花爆竹钉箱、分箱、成箱、串引、蘸(点)药、封口等生产作业	a，b
5.19	烟花爆竹仓库区电气防护措施存在以下问题： 1）　库区内穿电线的钢管、电缆的金属外皮、建(构)筑物钢筋等设施未进行等电位联结； 2）　库区总配电箱内未设置电涌保护器； 3）　违反 AQ 4115 的有关规定； 4）　库房未设置人体静电指示及释放仪，人员未消除人体静电随意进入库房； 5）　可能积聚静电的金属设备及其他导电物体(金属管道、金属货架等)未进行直接静电接地； 6）　库区内不能或不宜直接接地的金属设备、装置等，未通过防静电材料间接接地	a，b
5.20	危险物品库房内未设置应急照明、视频监控系统、火灾报警系统、入侵报警系统、灭火器、沙袋等消防设施	a，b
5.21	危险物品库房内通风温控设施存在以下问题： 1）　未设置空气调节系统，烟花爆竹仓库内的温控设备未选用防爆型； 2）　未设置机械通风设施，烟花爆竹仓库内的通风设备未做防火防爆措施； 3）　通风、空气调节系统的风管，未采用不燃烧材料制作；对接触腐蚀性气体的风管及柔性接头，未采用难燃烧材料制作； 4）　仓库的通风系统和排除空气中含有爆炸危险性物质的局部排风系统的设备及管道，未采取静电接地措施； 5）　通风管穿过防火墙，或穿过时未在靠近防火墙处设防火阀或闸门，风管穿墙处的空隙未使用不燃材料密封	a，b
5.22	易燃易爆、剧毒等危险化学品和烟花爆竹运输过程存在以下问题： 1）　运输工具使用不符合安全要求的机动车、板车、手推车、自卸车、三轮车、摩托车和独轮手推车等； 2）　所运输的物品堆码散乱、不稳，码放数量超过二层，或物品堆码高度超过运输工具围板、挡板高度； 3）　运输时未按规定时间运输和路线行驶，途中经停无专人看守； 4）　烟花爆竹运输车辆混装化学性质不相容的物品； 5）　运输车辆除驾驶员和押运员外，搭乘其他无关人员，或随车装卸人员乘坐在危险化学品上面	a，b
5.23	易燃易爆、剧毒等危险化学品和烟花爆竹装卸和搬运作业前，未进行人体静电消除，装卸过程中使用铁锹等铁制工具	a，b
5.24	易燃易爆、剧毒等危险化学品和烟花爆竹装卸作业时存在碰撞、拖拉、抛摔、翻滚、摩擦、挤压等操作行为，装卸人员不按职业危害防护要求佩戴相应的防护用品	a，b
5.25	运输、装卸操作人员在其作业过程中，不听从仓库管理人员的安排，随意放置危险物品，存在作业过程中吸烟等与工作无关的行为。装卸人员工作时未穿防静电工作服和工作鞋	b

表 A.5 危险物品及有害废弃物安全风险参考清单（续）

序号	安全风险描述	属性
5.26	危险物品运输车辆未按限定时速行驶，游乐园内行驶速度超过 5 km/h，行驶过程中存在急加速、急刹车、急转弯行为	a，b
5.27	易燃易爆、剧毒等危险化学品和运输车辆未采取隔热降温、防潮遮湿措施，未配备消防灭火器，未设置明显的危险物品标志	a，b
5.28	运输车辆违规改装，未设置防倾倒、滑落设施，未张贴、悬挂安全标志，运输车辆排气管未装设阻火器	a，b
5.29	在纵坡大于 6°的道路使用板车、手推车等运输危险物品。或使用手推车、板车在坡道上运输时，未有人协助并以低速行驶，手推车、板车以及抬架未安装挡板	b
5.30	烟花爆竹燃放场地及燃放安全距离不符合 GB 24284 的有关规定。燃放现场安全疏散通道堆放杂物堵塞，或在非承重建筑屋顶、桥梁、水库堤坝、车站等燃放礼花弹	a，b
5.31	当烟花爆竹品种、燃放地点、燃放工艺等发生变更时，未收集产品检验报告、变更方案等资料，不组织技术论证、安全风险评估、审核审批、测试彩排与安全培训	a，b
5.32	危险物品配制等重要工艺没有编制作业指导文件或文件内容不规范	a，b
5.33	存在以下违规焰火燃放(含电子冷烟花)表演行为： 1) 在全封闭场所燃放舞台焰火； 2) 在非封闭舞台燃放舞台架子烟花(含瀑布)、舞台喷花(含花束、喷花)、舞台旋转(有轴)烟花、烟雾类、单发彗星以外的焰火； 3) 焰火装置、火药安装不牢固； 4) 舞台喷花(含花束、喷花)、舞台旋转(有轴)烟花、烟雾类、单发彗星(吐珠)、无烟花束产品焰火着火点周围 5 m 范围内存在易燃物； 5) 其他产品焰火着火点周围 2 m 范围内存在易燃物； 6) 所有产品之间用引火线连接，用手工点火	a，b
5.34	烟花燃放危险区域下方场地设有非阻燃材料的雨棚、遮阳伞、草坪林地等	b
5.35	烟花安装工艺不符合烟花品种特性及技术要求，未制定安装操作规程。发射炮筒安装不稳固，燃放过程可能发生倒筒、散架情况	a，b
5.36	安装作业前未清理燃放现场易引起火灾的杂物，未配置灭火器、沙袋、水等消防设施。未根据当天风向和现场地形，合理安排发射装置和燃放点，并留出足够宽度的通道和燃放人员的安全检查停留位置	b
5.37	安装及测试的烟花燃放作业区未封闭，未设专人看管或定点巡查	a，b
5.38	实施燃放作业时遇有下列情况，未停止燃放： 1) 现场风向突然改变，可能危及观赏人员； 2) 风力超过 6 级，可能危及安全区内建(构)筑物、电力通信设施和公众安全； 3) 突然下雨、起雾等，妨碍燃放正常进行； 4) 发生炸筒或造成人员伤亡等意外情况	b
5.39	库房门未根据储存危险化学品的性质，张贴或悬挂明显的防火防爆、禁止烟火、禁止携带火种、爆炸性物质、易燃性物质等安全标志	a，b

表 A.5 危险物品及有害废弃物安全风险参考清单（续）

序号	安全风险描述	属性
5.40	烟花的导(防)静电地面，存放柜门未采取相应的防静电措施，可能积聚静电的金属设备及其他导电物体(金属管道、金属货架等)未进行直接静电接地	a，b
5.41	作业场所通风条件差，作业场所的危险化学品浓度不符合 GBZ 2.1 的相关规定	b
5.42	装载液态和气态易燃易爆物品的罐车，未挂接地静电导链；装载液化气体的车辆，未有防晒措施；使用铁底板车辆装载闪点 28 ℃以下易燃液体	a，b
5.43	装载剧毒品的车辆，使用后未进行清洗、消毒	a，b
5.44	处理有害废弃物过程中存在以下违规行为： 1） 废弃危化品与未使用的危险化学品混存； 2） 将易燃易爆废弃物，有毒废液、腐蚀性残液直接排放到地下水沟内； 3） 处理废弃危化品时，未进行分类，禁忌物料的废液未分开处理，未有专门的回收设施； 4） 使用单位未对本单位有害废弃物的存量、流向、处理情况进行记录，未建立有害废弃物处理登记表； 5） 有害废弃物容器作其他用途使用时，未经过清除污染和消毒处理便投入使用； 6） 有害废弃物随意放置在人员可接触区域，回收厂商不具备回收处理资质	a，b
5.45	废弃烟花的处理未经泡水直接丢弃垃圾桶，存在火灾爆炸安全风险	a，b
5.46	烟花燃放后未进行检查确认燃放残留情况，存在火灾爆炸安全风险	a，b
5.47	危险化学品在调配过程中未按产品说明书的要求进行配置，导致过程反应速率过快，导致爆炸、中毒、灼伤等事故发生	a，b
5.48	有害废弃物未按类存放导致残余化学品发生化学反应	b
5.49	上述情况以外的其他相关危险物品及有害废弃物类安全风险	

注 1：本清单所列举的安全风险和分类作为识别有关安全风险的起点和参考。

注 2：本清单所列举的安全风险中属于“根源危险源”的，“属性”栏内标识“a”；属于“事故隐患”的，“属性”栏内标识“b”。

表 A.6 消防安全风险参考清单

序号	安全风险描述	属性
6.1	场地道路内的消防灭火器材配备数量不足，或灭火器材的灭火介质、数量配备不满足现场实际要求，或已超过使用期限未及时淘汰更换。未按规定设置微型消防站	a，b
6.2	建筑的平面布置不符合 GB 50016 的要求(如儿童活动场所设置在地下、半地下建筑内或建筑的四层及四层以上楼层)	a，b
6.3	电影院(剧场、礼堂)电气线路、放映设备未定期进行安全检测，或电影幕布周围电气线路违规敷设，或吸声材料、电影幕布为易燃、可燃材料，或映机房与影厅未进行防火分隔	a，b
6.4	超市或商铺的柜台、货架等部位的照明灯具未与可燃物保持安全距离，或电气线路违规敷设，或违规经营、储存易燃易爆物品，或内设的临时周转仓库采用卤钨灯等高温灯具照明，及违规使用除湿器、烘干器、电加热茶壶、电暖器、电磁炉、热水器、微波炉、咖啡机、电饭煲、电熨斗等大功率电器	a，b

表 A.6 消防安全风险参考清单(续)

序号	安全风险描述	属性
6.5	餐饮场所油烟罩、油烟道未定期清洗,或违规使用瓶装液化石油气及甲、乙类液体燃料,或未按要求设置可燃气体探测报警装置、厨房自动灭火系统、燃气紧急切断装置	a,b
6.6	儿童活动场所内的房间、走道、墙壁、座椅违规采用泡沫、海绵、毛毯等易燃、可燃材料装修装饰,或电气线路直接敷设在易燃、可燃装修装饰材料上,或蓄电池违规充电	a,b
6.7	歌舞娱乐场所(含马戏、舞台等表演类场所)内违规燃放烟花、使用蜡烛照明,或违规储存空气清新剂、杀虫剂、消毒酒精等易燃易爆物品,或用电设备、电热器具等未与可燃物保持安全距离,或电气线路违规敷设,或违规使用易燃、可燃材料装修装饰	a,b
6.8	游戏游艺场所电气线路违规敷设,或游戏设备、电气线路未定期进行安全检测,或违规使用多个延长线插座串接游戏设备,或大量使用塑料、泡沫类制作的游戏道具,或违规采用泡沫、海绵、塑料、木板等易燃、可燃材料装饰装修	a,b
6.9	冰雪娱乐场所保温材料采用易燃、可燃材料,或采用易燃、可燃彩钢板搭建使用电气设备的人员活动用房,或电气线路直接敷设在保温材料上,或制冷设备未定期进行安全检测,或制冷管道外包橡塑保温材料未采用难燃材料	a,b
6.10	展览厅(营业厅)电气设备与周围可燃物未保持安全距离,或储存和展示甲、乙类火灾危险性物品,或布展、搭建的材料为易燃、可燃材料	a,b
6.11	仓库、冷库保温材料为易燃、可燃材料,或电气线路穿越或直接敷设在保温材料上,或穿越冷间保温层的电气线路未相对集中敷设或未采取可靠的保温密闭处理措施	a,b
6.12	仓库违规使用电炉、电烙铁、电熨斗、电加热器等大功率电热器具,或灯具为高温照明灯具,或违规存放易燃易爆物品,或储存物品不符合顶距、灯距、墙距、柱距、堆距的"五距"要求,或违规采用易燃彩钢板搭建仓储场所和临时用房	b
6.13	重要设备用房存放易燃、可燃物品,或配电柜开关触头接触以及电容器、熔断器存在短路、过载、熔断等故障现象,或内部设置的防爆型灯具、火灾报警装置、事故排风机、通风系统、自动灭火系统等未保持完好有效	a,b
6.14	中庭及室内步行街中有顶棚的步行街、中庭等部位及自动扶梯下方违规设置店铺、摊位、游乐设施或堆放可燃物,或步行街的顶棚材料未采用不燃或难燃材料	a,b
6.15	建(构)筑物屋顶违规搭建影响消防安全的临时仓库、人员宿舍、商业场所等临时建筑或堆放可燃物	a,b
6.16	室内游乐设施的救援时间超出消防疏散时间	b
6.17	建筑物外墙外保温材料燃烧性能不符合要求,或外保温材料及装饰层内部敷设或穿越的电气线路未穿金属管,或建筑外墙的广告 LED 屏、霓虹灯箱、灯具及电气线路出现老化现象,接头松动	a,b
6.18	汽车库电动汽车充电设施建设不符合安全要求,或电动自行车违规停放、充电,或擅自改变汽车库使用性质和增加停车位	a,b
6.19	森林防火区(林区)违规用火、动火,或违规进行电气线路敷设,或林区展馆内采用易燃、可燃材料进行装饰,或林区设置的餐饮场所使用燃气、木炭等产生明火的能源或介质,或电气设备线路未保持完好状态,或林区高点、迎风坡面半山等雷击高安全风险点未设置接闪器,或未禁止游客使用明火或携带火种入内	a,b

表 A.6 消防安全风险参考清单(续)

序号	安全风险描述	属性
6.20	珍稀动物笼舍违规使用大功率取暖设备,或违规进行电气线路敷设,或动物铺地木屑、饲料等可燃物未与电气设备、电气线路保持安全距离,或储存甲、乙类火灾危险性物品	a,b
6.21	消防安全重点部位现场管理存在下列问题: 1) 未设置明显的重点部位标志牌和安全标志; 2) 火、油、电、气及其相关设备、线路、管路的选用、安装、使用、贮存及维护保养、检测等不符合消防规定; 3) 建筑构件、建筑材料防火性能不符合国家或行业标准要求; 4) 人员密集场地场馆室内装修、装饰材料防火性能不符合国家或行业标准要求,或违规使用易燃夹芯板材料作为建筑构件; 5) 未纳入防火巡查、检查重点对象,未落实开展防火检查巡查; 6) 消防设施、器材、消防安全标志配置未满足现场实际需要,未定期进行维护保养、检验检测; 7) 疏散通道、安全出口、消防车通道存在占用、堵塞、封闭等情况,或设置影响逃生和灭火救援的障碍物; 8) 未按要求设置安全监控系统或安全监控设施,或未采取人防措施; 9) 其他	b
6.22	未按标准规定设置消防水源	b
6.23	未按国家工程建设消防技术标准规定设置室外消防给水系统,或已设置但不符合标准规定或不能正常运行	b
6.24	未按国家工程建设消防技术标准规定设置室内消火栓系统,或已设置但不符合标准规定或不能正常运行	b
6.25	未按国家工程建设消防技术标准规定设置自动灭火系统(包括喷水灭火系统、气体灭火系统、泡沫灭火系统等)或其他固定灭火设施,或已设置但不符合标准规定或不能正常使用或运行	b
6.26	未按国家工程建设消防技术标准规定设置火灾自动报警系统,或已设置但不符合标准规定或不能正常运行	b
6.27	人员密集场地场馆、高层建筑和地下建筑未按国家工程建设消防技术标准规定设置防烟、排烟设施,或已设置但不符合标准规定或不能正常运行	b
6.28	消防用电设备未按国家工程建设消防技术标准规定,采用专用的供电回路	b
6.29	未按国家工程建设消防技术标准规定设置消防用电设备末端自动切换装置,或已设置但不符合标准规定或不能正常运行	b
6.30	消防用电设备的供电负荷级别不符合国家工程建设消防技术标准规定	b
6.31	未按国家工程建设消防技术标准规定设置疏散指示标志、应急照明,或已设置但不符合标准规定或不能正常运行	b
6.32	防火门、防火卷帘无法正常开启或关闭	b
6.33	防烟、排烟系统,消防水泵以及其他自动消防设施不能正常联动控制	b
6.34	上述情况以外的其他相关消防类安全风险	

注 1:本清单所列举的安全风险和分类可以作为识别有关安全风险的起点和参考。

注 2:本清单所列举的安全风险中属于"根源危险源"的,"属性"栏内标识"a";属于"事故隐患"的,"属性"栏内标识"b"。

附　录　B
（资料性）
风险识别及评估记录表

安全风险识别及评估记录表见表 B.1，事故隐患识别及评估表见表 B.2。

表 B.1　安全风险识别及评估记录表

单位(部门)：　　　　　　　　　　　　　　　　　　　　　　　　　　编号：

序号	识别对象名称	根源危险源		关联的事故隐患描述				潜在安全事故后果	安全风险管控	安全风险等级评估				安全风险管控	识别/评估人员	备注
		名称	位置	物的不安全状况	环境不良因素	管理缺陷	人的不安全行为		已执行有效的安全风险管控措施	可能性（L 值）	严重性（S 值）	风险等级值（R 值）	风险等级/色标	建议增加的安全风险管控措施		

注：建议增加的安全风险管控措施较多的，可在本表后增加附表，逐项列出。

填表人：　　填表日期：　　审核人：　　审核日期：　　批准人：　　批准日期：

表 B.2　事故隐患识别及评估记录表

单位(部门)：　　　　　　　　编号：

序号	识别对象名称	事故隐患		关联的事故隐患描述				潜在安全事故后果	安全风险管控	安全风险等级评估				安全风险管控	识别/评估人员	备注
		名称	位置	物的不安全状况	环境不良因素	管理缺陷	人的不安全行为		已执行有效的安全风险管控措施	可能性（L 值）	严重性（S 值）	风险等级值（R 值）	风险等级/色标	建议增加的安全风险管控措施		

注：建议增加的安全风险管控措施较多的，可在本表后增加附表，逐项列出。

填表人：　　填表日期：　　审核人：　　审核日期：　　批准人：　　批准日期：

参 考 文 献

[1] GBZ 2.1 工作场所有害因素职业接触限值 第1部分:化学有害因素
[2] GB 24284 大型焰火燃放安全技术规程
[3] GB 50016 建筑设计防火规范(2018年版)
[4] GB 50289 城市工程管线综合规划规范
[5] GB 51192 公园设计规范
[6] AQ 4115 烟花爆竹防止静电通用导则
[7] JTG D81 公路交通安全设施设计规范
[8] 仓库防火安全管理规则(公安部令第6号)

ICS 97.200.40
CCS Y 57

中华人民共和国国家标准

GB/T 42104—2022

游乐园安全 安全管理体系

Amusement park safety—Safety management system

2022-10-12 发布

2022-10-12 实施

国家市场监督管理总局
国家标准化管理委员会 发布

前　言

本文件按照 GB/T 1.1—2020《标准化工作导则　第1部分:标准化文件的结构和起草规则》的规定起草。

请注意本文件的某些内容可能涉及专利。本文件的发布机构不承担识别专利的责任。

本文件由全国索道与游乐设施标准化技术委员会(SAC/TC 250)提出并归口。

本文件起草单位:中国特种设备检测研究院、广东长隆集团有限公司、广州长隆集团有限公司、珠海长隆投资发展有限公司、珠海长隆投资发展有限公司海洋王国、广州长隆集团有限公司香江野生动物世界分公司、广州长隆集团有限公司长隆夜间动物世界分公司(长隆欢乐世界)、广州长隆集团有限公司长隆开心水上乐园分公司。

本文件主要起草人:沈功田、林伟明、张勇、梁朝虎、张丹、蒋敏灵、刘然、郑志彬、甘兵鹏、陈皓、张学礼、廖启珍、邬达明、蔡岭、郭健麟、韩绍华、蒲振鹏、赵强、陈永振、郭俊杰、王和亮、田博、张闯、向洪飞、吴海明、钟怀霆、贺水勇、覃权怀、刘斌、黄晶、蔡志凯、王勇、黄鹤、谭栋材、张鹏飞。

游乐园安全　安全管理体系

1 范围

本文件规定了游乐园安全管理体系建设的总体要求、安全管理体系文件、领导作用和从业人员参与、策划、支持、通用安全管理要素、专项安全管理要素、运行和绩效评价、改进。

本文件适用于游乐园安全管理体系的建立、运行、评价和持续改进。景区参照执行。

2 规范性引用文件

下列文件中的内容通过文中的规范性引用而构成本文件必不可少的条款。其中，注日期的引用文件，仅该日期对应的版本适用于本文件；不注日期的引用文件，其最新版本（包括所有的修改单）适用于本文件。

GB/T 42100　游乐园安全　应急管理

GB/T 42101—2022　游乐园安全　基本要求

GB/T 42102　游乐园安全　现场安全检查

GB/T 42103—2022　游乐园安全　风险识别与评估

GB/T 45001　职业健康安全管理体系　要求及使用指南

3 术语和定义

GB/T 45001、GB/T 42101—2022、GB/T 42103—2022 界定的术语和定义适用于本文件。

4 总体要求

4.1 游乐园应建立、实施并持续改进与游乐园业务活动相适应的安全管理体系。

4.2 游乐园安全管理应包括但不限于生产安全（含职业健康安全）、特种设备安全、消防安全、食品安全等游乐园运营活动涉及的全部安全领域。

4.3 游乐园安全管理体系应覆盖游乐园全地域、全时段、全范围、全过程、全部管理对象，并抓住安全主要矛盾，突出重要场地环境、重要建（构）筑物、重要设备设施、重要从业人员、重要业务活动、重要作业及重大安全风险等安全管理重点。

注：重大安全风险指 GB/T 42103—2022 规定的 1 级安全风险与 2 级安全风险。

4.4 游乐园应建立安全管理组织体系及与其对应的安全责任体系。

4.5 游乐园应建立包括基本安全管理要素（安全管理体系文件、安全方针与安全目标、组织机构与职责、安全投入、安全文化与安全教育培训、沟通、安全信息化、运行和绩效评价、改进）、通用安全管理要素（第 9 章）和所涉及的专项安全管理要素（第 10 章）在内的安全管理体系文件。

4.6 游乐园安全管理体系应满足以下要求：

a）游乐园内的设备设施、建（构）筑物、场地环境等满足保障游客、从业人员、相关方人员生命安全的条件；

b）确保将安全管理体系要求融入游乐园运营过程之中；

c) 确保获得建立、实施和持续改进游乐园安全管理体系所需要的资源；

d) 通过检查、绩效评价、体系评审等方式对游乐园安全管理体系的符合性、充分性、有效性和实施情况进行确认；

e) 确保安全管理体系实现其预期目标。

4.7 游乐园安全管理体系应遵循"策划—实施—检查—改进(PDCA)"和基于风险管理的原则，按照以下流程开展安全管理体系建设与评审工作：

a) 确定安全管理体系建立目标，配备相应的人力、物力资源，必要时宜成立安全管理体系建设小组；

b) 通过识别法律法规和标准要求、安全风险识别与评估、相关方需求调查等，确定需满足的安全要求；

c) 结合游乐园运营特点、内外部安全管理需求确定涉及的安全管理要素，并根据本文件要求制定安全管理体系文件，体系文件的层级结构宜参照 GB/T 19023 的相关规定，涉及的安全管理要素的具体要求应符合本文件和 GB/T 42101—2022 的相关规定；

d) 完成安全管理体系文件建设后，应对体系文件进行试运行，对试运行中的不符合项进行完善；

e) 试运行后应通过安全管理体系评审对体系的符合性、充分性、有效性和实施情况进行评价；

f) 对安全管理体系评审发现的问题及时整改，持续改进安全管理体系，不断提高安全管理绩效。

5 安全管理体系文件

5.1 一般要求

5.1.1 游乐园应建立全面、完整、系统、符合本文件要求的安全管理体系文件，体系文件包括安全管理手册(一级文件)、程序文件(二级文件)和作业指导文件(三级文件)三个层级。落实二级、三级文件具体要求的记录表作为文件的附录同步制定。

注：作业指导文件包括三级管理文件和指导具体作业的规程、规则和操作手册等。

5.1.2 安全管理体系文件应对法律法规、标准等要求进行落实，并满足游乐园实际安全管理需求和具体情况；并与游乐园技术质量管理、运营服务管理等方面的管理体系文件或制度文件协调一致，共性要求应相同互通。

5.1.3 安全管理体系文件应统一组织编制、审核、批准，并确保受控。各级文件应由游乐园主要负责人或其授权人签署批准予以发布。不应授权下级组织分级分类批准相关程序文件、作业指导文件，以免造成安全管理体系文件覆盖不完整、不协调、上下不一致，尤其应避免下级组织在编制各类记录表时不受控，简化、弱化，甚至空化二级、三级文件的具体安全管理要求。

5.1.4 安全管理体系二级、三级文件应根据游乐园所开展的业务活动、经营规模及涉及的各项安全管理要素，参照附录 A 进行编制。

5.1.5 安全管理体系文件应有效运行，并应根据运行情况持续改进。

5.2 安全管理手册

安全管理手册为一级文件，对安全管理体系提出纲领性要求，规范、引导安全管理体系二级、三级文件的制定。安全管理手册应包括但不限于以下方面。

a) 总则：

 1) 安全管理体系的适用范围；

 2) 游乐园概况；

 3) 业务流程；

 4) 对游客、从业人员与相关方人员的安全义务与承诺；

5） 安全方针；
6） 安全目标；
7） 安全管理机制及组织架构图；
8） 安全职责分配表。

b） 安全管理体系文件：
1） 安全管理体系文件总体描述；
2） 安全管理体系文件控制。

c） 安全资源与能力支持：
1） 安全投入；
2） 安全文化与安全教育培训；
3） 沟通；
4） 安全信息化。

d） 通用安全管理要素：
1） 依法依规管理；
2） 安全风险识别与管控；
3） 应急管理；
4） 安全事故管理；
5） 安全检查。

e） 专项安全管理要素：
1） 运营安全；
2） 设备设施安全；
3） 建(构)筑物安全；
4） 场地环境安全；
5） 消防安全；
6） 电气安全；
7） 燃气安全；
8） 危险物品安全；
9） 安全设施与安全装置；
10） 安全标志；
11） 作业安全；
12） 食品安全；
13） 自然灾害防御；
14） 职业健康；
15） 相关方管理；
16） 演出安全；
17） 涉水安全；
18） 动物安全；
19） 园区内交通安全；
20） 其他安全。

f） 安全管理体系的运行和绩效评价：
1） 安全管理体系试运行；
2） 监测、分析和绩效评价；
3） 安全管理体系评审。

g) 安全管理体系的改进：
   1) 不符合控制；
   2) 纠正措施控制；
   3) 预防措施控制；
   4) 持续改进。

h) 安全管理体系文件清单。

注：游乐园在编制安全管理手册时，需要结合业务活动对上述规定的手册内容进行选取或补充。对各安全管理要素的描述为该要素的主要管理要求、流程、重要节点等的概述。

5.3 程序文件

5.3.1 程序文件是对安全管理手册的纲领性要求进一步展开与细化，对需要开展的工作及流程进行清晰完整地规定，是编制三级文件的重要依据。

5.3.2 程序文件以采纳安全法律法规、标准的适用性条款为主，结合游乐园安全目标、管理思路、业务特点与经验等方面内容制定，使安全法律法规与标准的适用性要求在游乐园特定运营安全管理中得到细化、个性化及有效落地实施。

5.3.3 程序文件种类与数量应根据游乐园业务活动种类、规模而定，但原则上宜与安全管理要素相对应。对于设备设施、建(构)筑物等对其他要素(如消防、燃气电气安全等)具有通用约束要求的专项安全管理要素，可根据实际情况编制分程序文件或将分类管理文件列入作业指导文件范畴。

5.3.4 程序文件应包括但不限于以下方面：

a) 相关组织(管理部门、配合部门)和人员职责及权限；
b) 管理目标、范围；
c) 管理要求与主要内容项目；
d) 管理重点；
e) 管理流程；
f) 管理方式、方法与时限；
g) 符合性判据；
h) 例外情况管控；
i) 对应相关文件和配套记录表格名称、编号；
j) 名称、版本、编制审核批准人、发布与实施日期。

5.4 作业指导文件

5.4.1 作业指导文件是将程序文件中相对原则的规定变为现实可行的基层文件，其目的是贯彻实施程序文件的规定，细化落实政府规范性文件(如特种设备安全技术规范)、技术标准或相关方提供的技术性资料(产品说明书、使用操作与自检维护手册等)的相关要求，有效规范游乐园各类活动中涉及安全的每一个具体管理环节、技术质量环节或作业环节。每类涉及安全的活动、岗位、场地环境、建(构)筑物与设备设施等均应在对应的作业指导文件覆盖之下。作业指导文件应具备有效的指导作用，明确的针对性、适用性、可操作性与可见证性。

5.4.2 作业指导文件应包括但不限于以下方面：

a) 适用范围、类别；
b) 执行组织与人员、具体职责(对程序文件的具体细化与落实)；
c) 具体管理或操作项目、内容(同程序文件主要内容对应的分项具体内容)与重点；
d) 活动或作业实施的具体要求，如作业频率、作业内容及作业要求等；
e) 具体措施、手段、方法与比例；

f) 控制流程/路径、环节与关键节点；

g) 具体量化指标与符合性判据(可体现在文件所附的相关工作表格中)；

h) 紧急情况下的应急处置流程及措施；

i) 对应相关文件和配套记录表格名称、编号；

j) 名称、版本、编制审核批准人、发布与实施日期等。

5.5 记录表

5.5.1 记录表是安全管理体系文件的必要组成部分，是实现二级、三级文件要求的具体工具，也是安全管理体系有效运行的见证。记录表应将二级、三级文件中的要求、具体项目、重点、比例等完整准确地定性、定量表达出来，形成符合与否的判据，使之可实现、易操作、可计量(测量)、可见证、可追溯。

5.5.2 记录表内容的设置宜有利于实施信息化管理，实现安全相关工作的精准化记载与大数据分析。

5.6 文件控制

5.6.1 游乐园应建立并实施文件控制程序，内容应包含但不限于以下方面：

a) 内部文件与外来文件类别划分及管理；

b) 安全管理体系文件起草、审核、批准、颁布；

c) 安全管理体系文件编号、发放、使用、修订、回收等；

d) 编制、使用、流转等相关部门管理职责；

e) 文件保管、归档要求等。

5.6.2 游乐园应每年对安全管理体系文件的符合性、充分性、有效性和实施情况进行评价，结合发现的问题或下列情况对安全管理体系文件进行补充和修订：

a) 适用的安全方针、政策、法律法规与强制性标准、目标或其他要求发生变化；

b) 游乐园归属、体制、规模、组织机构、业务规模与管理模式发生重大变化；

c) 运营项目和设备设施新建、扩建、改建、重大运营布局变更，需要调整体系文件时；

d) 风险识别评估结果证明需要对安全管理体系采取较大变更的安全管理措施时；

e) 当安全事故、典型安全案例或安全问题发生，证明原有规定不能覆盖或不适用时；

f) 当安全管理体系评审或安全管理活动发现安全管理体系问题，提出改进建议或要求时；

g) 游乐园外部条件变化对安全管理体系文件提出调整要求时；

h) 国内外相关安全技术研发成果或先进的安全管理技术证明游乐园存在安全管理空白时。

5.7 安全档案管理

5.7.1 游乐园应制定安全档案管理的体系文件，文件内容包括但不限于以下方面：

a) 安全档案的收集、整理和分类；

b) 安全档案归档时间、审查与交接；

c) 安全档案整理、保管、统计、销毁；

d) 安全档案信息化管理；

e) 安全档案调取权限、管理职责等。

5.7.2 游乐园场地环境、建(构)筑物、设备设施、从业人员、相关方、安全管理体系文件等方面的各类静态资料，以及涉及运营活动、重要场馆与重要设备设施运行、安全风险识别与管控、安全检查检测、安全隐患排查治理、应急管理、安全事故管理、典型案例等方面所积累的动态资料，均应建立档案。

5.7.3 游乐园涉及的基本安全管理要素、通用安全管理要素和专项安全管理要素均应在安全档案管理范围之内。

5.7.4 安全档案可以采用多种媒体形式保管，确保安全相关档案资料保存的完整性、连续性、真实性、准确性、保密性和可利用性。

6 领导作用和从业人员参与

6.1 领导作用和承诺

游乐园主要负责人应通过以下方式体现其在安全管理体系方面的领导作用和承诺：

a) 对防止游客、相关方和从业人员活动/工作相关的伤害以及提供安全的活动/工作条件全面负责并承担责任；
b) 确保安全方针和相关安全目标得以建立，并与战略方向相一致；
c) 确保将安全管理体系要求融入运营过程之中；
d) 确保可获得建立、实施和持续改进安全管理体系所需的支持；
e) 就有效的安全管理和符合安全管理体系要求的重要性进行沟通；
f) 确保安全管理体系实现其预期效果；
g) 指导并支持从业人员为安全管理体系的有效性做出贡献；
h) 确保并促进安全管理体系持续改进；
i) 支持其他相关管理人员体现在其职责范围内的领导作用；
j) 建立、引导和促进支持安全管理体系预期效果的文化；
k) 确保建立和实施从业人员的协商和参与的过程；
l) 支持安全管理机构的建立和运行。

6.2 安全方针

6.2.1 游乐园应制定与其运营特点相适应，且与游乐园发展方向保持一致的安全方针；并以正式文件形式由游乐园主要负责人签署发布。

6.2.2 游乐园安全方针应符合但不限于以下要求：

a) 为制定安全目标提供框架；
b) 为防止人员伤害提供安全条件的承诺(适合于游乐园经营规模、运营特点及安全风险特性)；
c) 依法依规管理的承诺；
d) 消除或降低安全风险的承诺；
e) 持续改进安全管理体系的承诺；
f) 从业人员及其代表(若有)的协商和参与的承诺。

6.3 组织机构与职责

6.3.1 游乐园应建立安全管理组织机构，游乐园主要负责人对安全管理全面负责，其他业务负责人、下级组织(部门、班组)负责人分工负责，各岗位人员对业务职责范围内安全负责；专兼职安全管理人员履行安全管理监督职责。

6.3.2 游乐园应根据实际情况设置安全负责人、消防安全责任人、特种设备安全管理人、气象灾害防御责任人(气象灾害防御重点单位)等专项安全负责人或管理人，明确其专业或专项安全管理职责。

6.3.3 游乐园应设置安全管理机构，配置专职安全管理人员，落实安全管理监督职责。对于规模较小、业务较少的游乐园，可配置专职安全管理人员，不单独设安全管理机构。游乐园下级组织可根据实际情况，设置兼职安全管理员，协助下级组织负责人落实安全管理职责。

6.3.4 游乐园各类专兼职安全管理人员数量应满足相关规定要求和安全管理需求。

6.3.5 各类安全负责人或管理人、专兼职安全管理人员均应正式发文任命。

6.3.6 游乐园应建立以全员安全责任制为核心的安全责任体系，落实全员安全责任，落实各级组织负责人的“一岗双责”要求，并形成与安全管理组织体系对应一致、覆盖完整的安全职责文件，确保有组织有岗位，就有权责清晰的安全职责。

注：“一岗双责”是指各级组织负责人承担的业务职责和对应的安全职责。

6.4 从业人员的协商和参与

6.4.1 游乐园在安全管理体系策划、建立、实施、绩效评价和改进中应建立、实施所有适用层次和职能的从业人员及其代表(若有)的协商和参与机制。

6.4.2 游乐园应满足下列要求。

a) 为协商和参与提供必要的机制、时间、培训和资源。

注 1：从业人员代表视为一种协商和参与机制。

b) 及时提供对明确的、易理解的和相关的安全管理体系信息的访问渠道。

c) 确定和消除妨碍参与的障碍或壁垒，并尽可能减少那些难以消除的障碍或壁垒。

注 2：障碍和壁垒包括未回应从业人员的意见和建议，语言或读写障碍，报复或威胁报复，以及不鼓励或惩罚从业人员参与的政策或惯例等。

d) 与非管理类从业人员协商，包括但不限于以下方面：

1) 确定相关方的需求和期望；
2) 建立安全方针；
3) 适用时，分配组织的岗位、职责和权限；
4) 确定如何依法依规管理和满足其他要求；
5) 制定安全目标并为其实现进行策划；
6) 确定所需监测和评价的内容；
7) 策划、制定、实施审核方案；
8) 确保持续改进。

e) 允许非管理类从业人员参与，包括但不限于以下方面：

1) 确定其协商和参与的机制；
2) 参与安全风险识别与评估；
3) 确定消除或降低安全风险的措施；
4) 确定能力要求、培训需求、培训和培训效果评价；
5) 确定沟通的内容和方式；
6) 确定控制措施及其有效的实施和应用；
7) 调查安全事故和不符合并确定纠正措施。

注 3：非管理类从业人员的协商和参与，旨在适用于执行工作活动的人员，但无意排除其他人员，如受游乐园内工作活动或其他因素影响的管理者。

注 4：需认识到，若可行，向从业人员免费提供培训以及在工作时间内进行培训，能够消除从业人员参与的重大障碍。

7 策划

7.1 应对安全风险措施的策划

7.1.1 一般要求

7.1.1.1 在策划安全管理体系时，为确保安全管理体系实现预期结果，防止或减少不期望的影响，实现持续改进，游乐园应确定、识别需应对的安全风险。

7.1.1.2　游乐园应结合运营活动或安全管理体系的变更来确定和评价与安全管理体系预期结果有关的安全风险。对于所策划的变更，无论是永久性的还是临时性的，这种评价均应在变更实施前进行。

7.1.1.3　在策划安全管理体系时，应对安全风险、法律法规要求和其他要求的实现措施一并进行策划。

7.1.1.4　游乐园应在其安全管理体系文件中或其他业务中融入并实施这些措施，评价这些措施的有效性。

7.1.1.5　在策划措施时，应结合最佳实践、可选技术方案以及财务、运行和经营等要求，根据GB/T 42103—2022 中 7.2 的要求确定适宜的控制措施。

7.1.2　安全风险识别与评估

游乐园应根据 GB/T 42101—2022 中 5.2 的要求和 GB/T 42103—2022 开展游乐园的安全风险识别与评估工作。

7.1.3　法律法规要求和其他要求的确定

游乐园应根据 GB/T 42101—2022 中 5.1 的要求收集、识别与游乐园安全管理相关的法律法规要求和其他要求，并将相关要求融入与之对应的安全管理体系文件中。

7.2　安全目标及其实现的策划

7.2.1　安全目标

7.2.1.1　游乐园应结合安全实际情况，制定长远的安全目标并分解为年度安全目标。

7.2.1.2　安全目标应满足以下要求：

a）与安全方针一致；

b）可量化或能够进行安全绩效考核；

c）充分考虑安全风险、相关法规要求和人员安全；

d）与从业人员或其代表（若有）协商一致；

e）便于定期核实安全目标的达成情况；

f）可结合实际变化情况予以更新。

7.2.2　实现安全目标的措施

7.2.2.1　游乐园在策划如何实现安全目标时，应制定安全方针与安全目标管理的体系文件，文件内容包括但不限于以下方面：

a）安全方针与安全目标的制定（起草、审核、批准、颁发）；

b）与安全方针、安全目标管理相关部门的职责；

c）安全目标的细化与分解、实施措施与方法、实施过程管理、实施结果考核等；

d）安全目标的更新管理。

7.2.2.2　为有效落实安全目标的实施措施，应通过制定年度安全工作计划予以进一步分解、细化和量化。

8　支持

8.1　安全投入

8.1.1　为保障安全管理体系建立、实施与持续改进，游乐园应提供所需的安全投入，并制定安全投入管理的体系文件，文件内容应包括但不限于：

a） 安全经费使用、管理等相关部门职责；
b） 安全经费的提取；
c） 安全经费使用范围及管理要求；
d） 安全经费使用台账。

8.1.2 安全投入使用对象应包括生产经营所需硬件条件配置[环境道路场地、建(构)筑物、设备设施、安全设施等]、从业人员资格以及安全管理体系的建设、运行、评审等内容。

8.2 安全文化与安全教育培训

8.2.1 一般要求

8.2.1.1 游乐园应通过安全文化建设和安全教育培训确保从业人员具备保持安全绩效所需的能力。

8.2.1.2 游乐园应根据业务特点制定安全文化与安全教育培训管理的体系文件，文件内容应包括但不限于以下方面：

a） 安全文化建设与安全教育培训的目的；
b） 安全教育培训职责分工；
c） 安全教育培训计划；
d） 不同岗位安全教育培训要求与培训内容管理；
e） 相关方人员安全教育培训；
f） 安全培训师资管理；
g） 安全教育培训教材、大纲、题库等管理；
h） 安全教育培训质量管理；
i） 安全教育培训工作绩效考核；
j） 安全文化建设与宣传。

8.2.2 安全文化

8.2.2.1 游乐园应开展安全文化建设，确定适合游乐园安全文化建设与宣传管理要求，将安全管理融合到企业日常运营与管理活动中。

8.2.2.2 应通过安全文化建设、构建适宜游乐园自身特点的安全文化理念，提高员工安全文化意识，培养良好的安全行为规范。

8.2.3 安全教育培训

8.2.3.1 安全教育培训应强化各级安全管理人员、从业人员的安全基本知识，提高安全管理能力与实际安全技能。对于一线重要从业人员，着重培养提高其正确作业能力、识别与管控本岗位安全风险的能力、发现和处理异常的能力及现场应急处置的能力。

8.2.3.2 游乐园应将安全管理人员和从业人员安全教育培训纳入年度工作计划管理，确保每年安全教育培训工作符合安全生产、特种设备安全、消防安全、食品安全等各方面安全的需求。

8.2.3.3 游乐园从业人员应接受安全培训并考核合格后方可上岗作业，如上岗作业有持资格证书要求的，应持证上岗。

8.2.3.4 对外来相关方人员，应进行相关安全教育培训或安全提示教育。

8.3 沟通

8.3.1 游乐园应制定沟通管理的体系文件，对游客、相关方及从业人员提出的有关安全的沟通信息做出响应。

8.3.2 安全管理体系的相关信息在有效沟通后,需对安全管理体系进行变更的应及时变更。

8.3.3 游乐园应确保其沟通过程能够使从业人员为持续改进做出贡献。

8.4 安全信息化

8.4.1 游乐园应对安全管理所需的安全数据信息及安全管理体系运行过程中产生的各类安全数据信息建立台账并进行管理,制定安全数据信息管理的体系文件。文件内容包括但不限于以下内容:

a) 安全数据信息相关管理部门职责;

b) 安全数据信息采集范围、采集质量要求;

c) 安全数据信息统计、分析的要求;

d) 安全数据信息备份与数据库的管理;

e) 安全数据信息的应用等。

8.4.2 游乐园各级从业人员应掌握安全数据,定期、不定期对安全数据进行综合分析,通过数据分析发现安全管理中存在重点、难点和薄弱环节等。

8.4.3 游乐园宜根据实际情况,应用现代计算机技术与物联网技术开展安全信息化系统与基础数据库建设,建立具有完整安全管理功能与应急功能的现代化安全管理平台,用信息化手段全面提升安全管理能力、风险管控与应急处置等预警监控能力。

8.4.4 游乐园安全信息化系统建设包括但不限于以下方面:

a) 依法依规管理数据;

b) 建(构)筑物与设备设施(包括安全防护设施与装置)检维修管理;

c) 安全管理重点在线运行监测(如大型游乐设施与客运索道等载人设备、人员密集场地场馆、易燃易爆设备场地等);

d) 客流监测预警、应急疏导虚拟仿真系统;

e) 安全管理活动、检查与整改追踪等管理系统;

f) 安全数据统计与分析系统;

g) 安全风险管理及重大危险源地理信息系统;

h) 应急管理与救援指挥系统;

i) 安全教育培训信息管理系统。

8.4.5 游乐园可逐步将安全信息化系统建设成为具备安全数据自动采集、汇总、效果展示、分析、预警等功能,对安全各项指标变化、安全管理活动及其有效性等进行历史性对比评价,以利于游乐园全面、精准、实时发现安全问题、重点与趋势,采取调整措施与方向,实施动态安全管理。

9 通用安全管理要素

9.1 一般要求

通用安全管理要素应涵盖游乐园各安全领域、各专业,应按要素逐一建立程序文件及与之配套的作业指导文件,内容应符合 GB/T 42101—2022 的有关规定。

9.2 依法依规管理

9.2.1 游乐园应对安全管理项目进行法律法规、标准符合性识别和比对工作,建立并持续更新依法依规项目清单。

9.2.2 游乐园应将相关法律法规、标准要求融入各级安全管理体系文件中,确保实现依法依规管理。

9.3 安全风险识别与管控

9.3.1 游乐园应建立全覆盖、常态化、制度化、精准化的安全风险识别与分级管控机制，及时发现、管控安全风险，消除安全隐患，有效防范人身伤害事故的发生。

9.3.2 游乐园应按照 GB/T 42103—2022 制定安全风险识别与管控的体系文件，开展安全风险识别与评估，针对重大安全风险制定日常检查、定期检测、长期监测、风险评估、应急管理等活动和过程的文件化方案，并有效实施。

9.4 应急管理

9.4.1 游乐园应按照 GB/T 42100 建立应急管理体系文件，工作重点应放在避免事故处置不当、不及时或应急失误导致事故扩大造成更多人员死伤。

9.4.2 应急管理包括应急救援团队建设、应急预案体系建设、应急设备设施与物资配置完善、疏散通道与避难场所设置、应急外援支撑、应急演练等方面工作，以及管理这些方面的相关体系文件制定与有效实施。

9.4.3 大型游乐设施与客运索道、人员密集场地场馆、高峰客流与大型活动、已识别的重大安全风险应作为游乐园应急管理的重点。

9.4.4 游乐园应定期组织从业人员、专业队伍、外协团队开展应急演练，达到检验应急预案、锻炼应急队伍、提高应急能力、普及应急知识、有效实施救援的目的，应急演练应保留相关记录。

9.5 安全事故管理

9.5.1 游乐园应对内部已发生事故案例和外部事故案例进行统计分析，采取有针对性的事故防范、应急处置等措施，并对相关的体系文件、安全措施等进行审查、检查、评价与修订完善。

9.5.2 游乐园应明确规定安全事故管理职责，建立健全事故分类分级（如政府管辖事故、单位管辖事故）、上报、应急、调查、认定、复核、处理，以及事故隐患整改、台账统计的体系文件，并有效实施。

9.6 安全检查

9.6.1 游乐园应按照 GB/T 42102 建立安全检查机制，并制定相关体系文件，落实各级组织的安全检查职责，使安全检查工作系统化、常态化、规范化与重点化。

9.6.2 对检查发现的问题，应制定相应整改计划或方案，有效实施整改，保留相关整改记录。

10 专项安全管理要素

10.1 一般要求

游乐园应根据具体情况确定适用的专项安全管理要素，使这些专项安全管理要素覆盖涉及的各项专业安全领域。对每一个专项安全管理要素应按 GB/T 42101—2022 的相关规定分别制定程序文件（分程序文件）及与之配套的作业指导文件。

10.2 运营安全

10.2.1 运营安全管理指对游乐园前场接待游客环节的相关方面安全管理，主要包括常规运营项目和新运营项目、游客接待量、存在安全风险的运营活动、运营安全值班、高峰客流与大型活动、疏散与应急、开闭园、安全检查检测、安全隐患排查、运营人员培训、运营相关方管理等方面。

10.2.2 游乐园应在安全管理体系建设中突出前场接待游客环节的安全管控，并将一线班组直接实施的安全管理要求体现在其作业指导文件中。

10.3 设备设施安全

10.3.1 游乐园用于运营的大型游乐设施、客运索道、锅炉、压力容器等特种设备应为设备设施安全管理重点，对于一旦发生事故或故障可导致人身伤亡甚至群死群伤的演出设备、燃气设备设施与电气设备设施、消防设备设施等也应与特种设备实施同样的安全管理。

10.3.2 设备设施安全管理的体系文件应对涉及人身安全的各种类设备设施从研发、设计、采购、制造、安装、使用、自检维护、修理、改造、停用、报废拆除等各环节安全管控做出明确规定。

10.3.3 鉴于游乐园设备设施种类与数量较多，可采取制定适用所有设备设施的通用性程序文件及适用不同种类设备设施的分项程序文件相结合的方式，或在设备设施程序文件下分别制定不同种类设备设施的作业指导文件。

10.4 建（构）筑物安全

10.4.1 建（构）筑物安全管理应包括建（构）筑物选址、布局设置、建造、使用、维护改造、日常检查与定期检测、安全鉴定与安全评估、报废拆除等全过程，并制定相关体系文件。

10.4.2 游乐园应对游客活动的建（构）筑物作为重点加以管控，尤其应注重防范建（构）筑物倒塌及其内外悬吊挂物坠落而引发的拥挤踩踏、火灾、触电与电气火灾、燃气泄漏爆炸等造成群死群伤的事故，以及一旦发生事故及时有效实施应急疏散和救援的管理。

10.5 场地环境安全

10.5.1 场地环境安全管理应包括游乐园选址与游乐项目的选址、自然灾害的规避与防范、人员活动区域与游客动线的设置与设计、场地各类设施的布置、悬吊悬挂物安全、园林绿化、安全设施等方面。

10.5.2 游乐园应识别管辖范围内或附近的场地环境相关安全风险，并从设计、建设、使用、检查检测、监测等方面采取有效措施防范事故发生，对于发生频次较高或产生后果较为严重的重大安全风险，应制定场地环境安全风险识别指导文件和应急处置预案、设置相应安全标志与风险告知牌，并定期进行安全评价。

10.6 消防安全

10.6.1 消防安全管理包括消防基础设施、灭火设备与器材、消防监控、人员密集场馆、森林或林地防火、防火检查巡查、消防安全风险识别与管控、动火作业管控、电气相关从业人员、消防安全标志、消防队伍建设与培训教育、消防应急、火灾事故、消防安全宣传等方面。对于消防安全重点单位、火灾高危单位、森林防火重点单位，消防安全管理还包括其特殊安全管理要求。

10.6.2 游乐园应将人员密集场馆以及位于森林或林地内游乐项目的防火与游客紧急疏散作为消防安全管理的重点。

10.7 电气安全

10.7.1 电气安全管理包括高低压供配电设备设施、用电设备设施、临时用电、涉电作业、电气安全标志、电气安全风险识别与管控、电气安全检查巡查、检验检测、电气应急等方面。

10.7.2 游乐园应将电气火灾防范与人员电击防护作为电气安全管理的重点。

10.7.3 对于可能造成群死群伤事故的人员密集场馆、易燃易爆危险品仓库、载人设备、室内充电区域、涉水场所、林地内游乐观赏项目等，应强化供配电与用电设备设施设置、安装，线路敷设安全质量管控及用电过程的安全管理，避免电气火灾或人员触电事故，以及因停电引发大型设备高空滞留或人员密集场馆拥挤踩踏事故发生。

10.8 燃气安全

10.8.1 燃气安全管理应包括供气与用气设备设施、燃气瓶储存场所、用气场所场馆、燃气设备使用操作、涉燃气管道动土动火作业、燃气相关从业人员、燃气安全标志、燃气安全风险识别与管控、燃气安全检查巡查、检验检测、燃气应急等方面。

10.8.2 游乐园应编制燃气安全风险台账，落实燃气使用与管理人员安全责任，将餐厅等人员密集场所的燃气使用、燃气安全设施与安全装置配备齐全及保持完好、防范建(构)筑物内燃气设备设施泄漏聚集、燃气泄漏现场处置与应急救援等作为燃气安全管理的重点。

10.9 危险物品安全

10.9.1 危险物品安全管理包括危险物品储存和使用场所的设置与建造，采用新危险物品的评估和审批，危险物品运输、储存与使用，危险物品储存与使用设备设施、安全设施与安全装置，废弃物，相关从业人员，安全标志，危险物品安全风险识别与管控，检查巡查，应急等方面。

10.9.2 游乐园应建立危险物品台账，制定相应的危险物品管理体系文件，相关从业人员经专业培训、考核合格后方可上岗工作。

10.9.3 游乐园应将烟花爆竹等易燃易爆危险品、有毒有害危险品及其相关作业活动作为安全管理重点。

10.10 安全设施与安全装置

10.10.1 游乐园按相关规定和标准设置或配置适用于园区场地环境、建(构)筑物、设备设施、运营活动、施工活动或作业等方面的安全设施与安全装置。

10.10.2 应在各相关专项安全管理文件中具体规定特种设备、燃气设备设施、电气设备设施、建(构)筑物消防设备设施、场地与建(构)筑物雷电防护、水域、山体或有毒有害等特定场地环境的安全设施与安全装置的特殊管理要求。

10.11 安全标志

10.11.1 游乐园应对相关场地环境、建(构)筑物、设备设施、运营活动、施工活动或作业、安全风险区域或重大安全风险、应急疏散等方面，按相关规定和标准设置齐全、覆盖完整、位置正确、明显清晰、内容无冲突的安全标志。

10.11.2 游乐园应将人员密集的场地场馆与载客设备设施作为安全标志管理重点，对于高峰客流与大型活动，应根据运营具体情况与时段，设置立体化、多媒体与全天候的警示、引导与疏散安全标志。

10.11.3 对于有特殊要求的专项安全管理要素，应在专项安全管理要素的体系文件中予以具体规定。

10.12 作业安全

10.12.1 作业安全管理应包括界定划分游乐园相关重要作业、识别作业安全风险、制修订重要作业指导文件(操作规程或工艺、作业方案)、审批临时重要作业、作业活动过程中安全管控、检查巡查与监护、作业安全防护、作业工器具及劳动防护用品、重要作业人员资格能力要求与安全培训、作业相关方、作业应急等方面。

10.12.2 游乐园应将大型游乐设施与客运索道等特种设备及其他载人设备设施相关作业，人员密集场地场馆游艺演出与展示活动作业，涉及燃气、电气、烟花爆竹和危化品及交叉作业等作为安全管理重点，其特定具体要求应在各相关专项安全管理要素的体系文件中予以规定。

10.13 食品安全

10.13.1 食品安全管理包括食品原材料与添加剂、采购贮存与生产加工安全质量管控、涉及食品安全的相关方、场地环境、设备设施与工器具、从业人员与作业、运输配送，以及安全检查巡查、食品检验检测、食品应急等方面。

10.13.2 游乐园应制定食品安全管理的体系文件，内容应覆盖从食品采购到成品销售的全过程、各环节，以及食品安全方面的全部管理对象。

10.14 自然灾害防御

10.14.1 所处地区可能发生自然灾害（尤其是气象灾害）的游乐园将自然灾害防御作为安全管理的重点，重点防御风灾、水灾、雷电、林草火灾等气象灾害，以及自然灾害造成的建（构）筑物和重要设备损坏倒塌、坠物、塌方、泥石流、山体滑坡、溃堤等次生、衍生灾害和相关地质灾害。

10.14.2 自然灾害防御应包括评估自然灾害风险，设置自然灾害防御机构或相关管理责任人，明确相关职责，制定自然灾害防御体系文件，完善灾害防御条件，灾害应急准备，以及气象灾害重点防御单位认定等方面。

10.15 职业健康

存在职业健康危害因素的游乐园应组织开展职业健康风险识别，明确相关职责，建立职业健康风险管控的体系文件，按 GB/T 45001、GB/T 42101—2022 的有关规定实施相关从业人员职业健康管控。

10.16 相关方管理

10.16.1 相关方管理涉及游乐园各专项安全管理要素。专项安全管理要素对相关方的具体安全要求应体现在各自体系文件中。

10.16.2 游乐园应对提供可能影响安全的施工或服务相关方建立准入制度，实施合格相关方名录管理。

10.17 演出安全

10.17.1 开展演出业务的游乐园应按 GB/T 42101—2022 的有关规定制定符合实际情况的演出安全管理相关体系文件。

10.17.2 演出安全管理应包括演出场地场馆、演出设备设施、建（构）筑物、演出器具道具、演出活动过程、演员、观众行为管控等方面。

10.18 涉水安全

10.18.1 水上游乐园，或存在水域或开展涉水运营活动的游乐园，应按 GB/T 42101—2022 的有关规定制定符合实际情况的涉水管理的体系文件。

10.18.2 涉水安全管理应包括涉水场地、设备设施、建（构）筑物、作业人员、游客行为、重要作业、涉水电气安全等方面。

10.19 动物安全

10.19.1 开展动物运营业务的游乐园按相关规定和标准对涉及动物饲养、展示、疾病防控与科普教育活动等方面进行有效管控，并按 GB/T 42101—2022 的有关规定制定符合实际情况的动物安全管理的体系文件。

10.19.2 动物安全管理应包括动物展览与饲养的场地与建(构)筑物、设备设施、作业人员、游客行为、安全检查、应急管理、动物档案、相关安全标志等方面。

10.20 园区内交通安全

游乐园应根据实际情况对园区内交通安全、无人机安全等方面进行有针对性的管控。

10.21 其他安全

游乐园应对识别出来的其他安全风险制定有针对性的体系文件并予以管控。

11 运行和绩效评价

11.1 安全管理体系试运行与运行

11.1.1 安全管理体系建设过程中及完成后，游乐园应根据安全管理任务的轻重缓急，制定安全管理体系分步骤、分项目(部门、要素)、分期试运行和全面试运行计划，并按计划做好安全管理体系文件培训学习，为试运行工作做好准备。

11.1.2 安全管理体系各要素的管理要求均应在体系试运行过程中得到实施，以验证其可实现性与有效性，以及各要素之间的协调一致性、封闭性。

11.1.3 安全管理体系试运行情况，以及运行过程中遇到的问题应予以记录。

11.1.4 游乐园主要负责人或其授权人(如安全负责人)应组织研究体系运行中所遇到的问题，从管理流程、控制节点、管控方式方法等方面对相关体系文件进行调整，并根据存在问题采取有针对性的强化运行培训措施，确保安全管理体系的完善与有效。

11.2 监测、分析和绩效评价

11.2.1 游乐园应制定对安全管理体系进行监测、分析和绩效评价的体系文件。

11.2.2 游乐园应确定以下方面。

a) 监测安全管理体系的内容，包括：
   1) 满足法律法规要求和其他要求的程度；
   2) 与所辨识的安全风险、安全风险相关的活动和运行；
   3) 实现安全目标的进展情况；
   4) 运行控制和其他控制的有效性。

b) 适用时，为确保安全管理体系有效所采用的监测、分析和绩效评价的方法。

c) 评价安全管理体系安全绩效所依据的准则。

d) 何时实施监测。

e) 何时分析、评价和沟通监测的结果。

11.2.3 游乐园应确保监测设备在使用时得到校准或验证，并被适当使用和维护。

11.2.4 游乐园应保留适当的文件化信息作为监测、分析和评价绩效结果的证据，并记录有关监测设备的维护、校准或验证。

11.3 安全管理体系评审

11.3.1 一般要求

11.3.1.1 游乐园应制定安全管理体系评审管理的体系文件，文件内容包括但不限于以下方面：

a) 安全管理体系评审的分类(内部审核、管理评审和外部评审)；

b) 评审周期与特定情况的评审；

c) 评审组织、评审人员职责与资格能力要求；

d) 评审计划管理；

e) 评审流程及相关要求(评审方案、人员组成、评审范围与内容、特定评审要求等)；

f) 评审发现问题管理(改进措施、追踪验证等)；

g) 评审结果管理；

h) 评审工作质量管理；

i) 评审资料档案管理。

11.3.1.2 在安全管理体系文件试运行一段时间后，游乐园应按评审计划开展安全管理体系评审，对安全管理体系文件的协调一致性、完整性、符合性、封闭性及可操作性以及文件的适用情况和落地实施效果等进行审核评价。开展分步骤、分项目评审时，应将被评审组织涉及的安全管理要素均纳入审核，并将与该要素相关组织的关联活动纳入评审范围。

11.3.1.3 游乐园安全管理体系评审应结合所开展的业务种类、基本安全管理要素、通用安全管理要素及相关专项安全管理要素，对以下内容进行审核：

a) 安全管理组织体系与职责体系的完整性及落实情况；

b) 安全管理体系文件制定情况，体系文件的全面完整性、合理性及适用性等；

c) 抽查安全管控重点(如人员密集场馆、大型载人特种设备运营管理等)的体系文件、从业人员、检查检测等相关的安全管理要素的落实情况；

d) 安全管理体系文件的实施情况现场审查核实；

e) 抽查安全风险管控、应急、安全事故整改结果以及预防控制措施等方面档案资料，查证安全管理体系文件实施等有效性与可追溯性。

11.3.2 内部审核

11.3.2.1 游乐园应制定内部审核的体系文件，验证安全管理体系实施的符合性和有效性。内部审核应满足以下要求：

a) 由安全负责人策划并且组织实施，覆盖安全管理体系所有要素；

b) 每年至少进行一次；

c) 编制内部审核计划，并且经过审批；

d) 组建内部审核组，由经过培训和具有经验的人员担任审核人员，编制内部审核检查表、实施内部审核，评审人员独立于被评审的活动，或者使用外部人员承担内部审核职能，以建立内部审核的客观性和公正性；

e) 制定审核规则及相关记录文件；

f) 对审核发现的问题点，及时采取纠正和预防措施；

g) 出具内部审核报告。

11.3.2.2 审核结束后结合审核发现的问题对相应的体系文件进行修订。

11.3.3 管理评审

11.3.3.1 游乐园应制定管理评审的体系文件，主要负责人应定期组织管理评审，各业务负责人、安全负责人及安全管理人员均应参与，管理评审通常每年至少进行一次。

11.3.3.2 游乐园应结合安全目标落实情况、内部审核结果进行管理评审，对安全管理体系的运行进行绩效评价。

11.3.3.3 游乐园应通过管理评审确定安全管理体系文件修订要求、相关机构或职责调整(必要时)以及体系运行改进要求等。

11.3.3.4 管理评审内容应包括：

a) 安全管理体系建立和实施情况，分析安全方针、安全目标的适宜性，重点关注安全管理体系变更、上次管理评审结果、内外部审核结果、安全目标考核结果、客户反馈以及投诉、纠正及预防措施实施情况等；
b) 内部需求，包括资源、业务范围、管理模式等变化；
c) 外部需求，包括相关方要求，有关法律法规、规章及相关标准要求等变化；
d) 改进建议。

11.3.3.5 管理评审应给出以下结论：

a) 安全管理体系适宜性、充分性、有效性评价；
b) 安全方针、安全目标的适宜性；
c) 改进措施。

11.3.3.6 主要负责人应就相关的管理评审结论与从业人员及其代表(若有)进行沟通。

11.3.3.7 游乐园应将管理评审结论向有关部门和人员通报，并将其作为部门及各岗位从业人员年度安全工作考评的重要依据。

12 改进

12.1 一般要求

12.1.1 游乐园应确定改进的机会，并实施必要的措施，以实现其安全管理体系的预期结果。

12.1.2 在采取措施进行改进时，游乐园宜参考安全绩效的分析和评价、合规性评价、内部审核和管理评审的结论。

12.2 不符合控制

游乐园应制定不符合控制管理的体系文件，并且满足以下要求。

a) 及时对不符合做出反应，并在适用时进行如下处理：
   1) 采取措施予以控制和纠正；
   2) 处置后果。
b) 在从业人员的参与和其他相关方的参加下，通过下列活动，评价是否采取纠正措施，以消除导致不符合的根本原因，防止不符合再次发生或在其他场合发生：
   1) 评审不符合；
   2) 确定导致不符合的原因；
   3) 确定不符合是否存在，或是否可能会发生。
c) 在适当时，对现有的安全风险和其他风险的评价进行评审。
d) 按照控制层级和变更管理，确定并实施任何所需的措施，包括纠正措施。
e) 在采取措施前，评价与新的或变化的安全风险。
f) 评审所采取措施的有效性，包括纠正措施。
g) 在必要时变更安全管理体系。

12.3 纠正措施控制

12.3.1 纠正措施应与不符合所产生的影响或潜在影响具有针对性。

12.3.2 游乐园应制定纠正措施控制管理的体系文件，并且满足以下要求：

a) 分析、确定不符合产生的主要原因；
b) 制定、评价、实施纠正措施；

c） 验证纠正措施的有效性。

12.4 预防措施控制

游乐园应制定预防措施控制管理的体系文件，并且满足以下要求：

a） 明确预防措施的启动时机与要求；

b） 明确潜在不符合收集的职责、方式和方法；

c） 分析、确定潜在不符合产生的主要原因；

d） 制定、评价、实施预防措施；

e） 评价预防措施的有效性。

12.5 持续改进

12.5.1 游乐园应根据5.6的要求、各类安全检查、安全管理体系运行绩效评价结果，客观分析安全管理体系的实际运行质量，及时完善安全管理体系文件，持续改进游乐园安全管理工作。

12.5.2 游乐园应通过法律法规和标准的评价与应用，落实安全管理责任体系，强化各级从业人员安全职责，持续改进游乐园安全管理工作。

12.5.3 游乐园应结合安全文化建设、安全教育培训，提高各级从业人员安全能力及管理水平，提升游乐园整体安全绩效。

附 录 A
（资料性）
安全管理体系文件建议清单

A.1 游乐园在建立安全管理体系时，基本安全管理要素的体系文件建议清单见表 A.1，通用安全管理要素的体系文件建议清单见表 A.2，专项安全管理要素的体系文件建议清单见表 A.3。

A.2 安全管理体系文件建议清单中的作业指导文件能够通过制定通用作业指导文件与专项作业指导文件减少编写工作量，简化管理工作，突出管理重点。

A.3 各安全管理要素二级、三级文件包括但不限于 GB/T 42101—2022 与本文件相关管理要素规定的全部内容，如果某些方面安全管理要求内容不多，则在二级文件中予以规定，不必按表 A.1～表 A.3 中建议的三级文件清单制定文件。

注：设备设施全生命周期中的不同阶段或环节，涉及或繁或简的流程，游乐园根据运营业务、规模、设备组成、风险程度等，决定设备设施专项安全管理要素的体系文件的架构关系。具体解释如下：

a) 设备设施管理程序是所有种类设备设施全生命周期管理的原则性通用要求；
b) 对于大型游乐设施、索道、电梯、锅炉、压力容器等特种设备，消防、电气、燃气、演出等专项安全管理要素涉及的设备设施，游船、擦窗机等其他需要特殊管理的设备设施三方面的设备设施仅靠通用的设备设施安全管理程序以及作业指导文件不能完整、具体地进行管理，需要建立单独的二级程序文件或将其作为设备设施管理程序文件项下的分项程序文件；
c) 消防、电气、燃气、演出等专项安全管理要素涉及的设备设施二级文件结合设备设施通用性要求及本专项安全管理要素的特殊性要求来制定，并与设备设施管理二级程序文件、本专项安全管理要素二级程序文件相关联，互成体系；
d) 停用、启用、延寿等环节在设备设施管理二级文件进行规定的可不另行编写三级文件；具体某类设备的启用、延寿，在其个性化的二级文件或三级文件中规定清楚；
e) 故障管理、修理改造、设备验收检验或设备工程的竣工验收等工作具有清晰流程的管理过程，在设备设施管理程序文件之下建立通用性的三级文件；
f) 设备使用操作规程按照完整、复杂程度分为简式、全式，按照适用范围分为通用操作规程与专项操作规程，游乐园根据情况选择操作规程的编写方式；
g) 安全管理体系与运营、质量、行政等其他方面管理要求做一体化考虑和规定，例如，设备自检维护规程包含自检维护工作中的人员、质量、技术、作业安全等管控要点。

表 A.1 基本安全管理要素的体系文件建议清单

序号	管理要素	程序文件 （二级文件）	作业指导文件 （三级文件）	备注
1	安全管理体系文件	安全管理体系文件管理程序	安全管理体系文件管理要求	制修订、审核批准、下发、作废等要求
			内部文件管理要求	文件流转、文件分类等
			典型案例收集与管理要求	
			记录控制管理文件	
			外来文件管理要求	政府部门、上级单位、游乐园内外部相关单位、施工和服务相关方涉及安全的相关文件、请示、批示或答复、报告等
			安全档案管理文件	可拆分成满足各安全管理要素不同档案特殊性要求的文件，或体现在同一文件的不同章节中

表 A.1 基本安全管理要素的体系文件建议清单(续)

序号	管理要素	程序文件 (二级文件)	作业指导文件 (三级文件)	备注
2	安全方针与目标	安全方针与目标管理程序	—	可并入安全管理手册
			安全计划与总结管理文件	根据实际运营业务,必要时可增加分项年度安全工作计划,或作为年度计划的附件
3	组织机构与职责	组织机构与安全职责管理程序	主要负责人岗位安全职责	岗位安全职责宜编制成职责文件,在程序文件或作业指导文件中引用职责文件或简略引用主要内容。除需要特别规定安全职责的重要从业人员外,其他从业人员岗位职责可体现在其工作相关作业指导文件中
			安全负责人岗位职责	
			业务(部门)负责人岗位安全职责	
			消防安全责任人岗位职责	
			森林防火责任人岗位职责(有此要素时)	
			消防安全管理人岗位职责	
			气象灾害防御责任人岗位职责(有此要素时)	
			气象灾害应急管理人岗位职责(有此要素时)	
			特种设备安全管理人员岗位职责	
			安全管理机构负责人岗位职责	
			各类专兼职安全管理人员岗位职责	
			业务班组长岗位安全职责	
			重要从业人员岗位安全职责	
			其他员工岗位安全职责	
4	安全投入	安全投入管理程序	—	可单独编制或结合到财务制度中
5	安全文化与安全教育培训	安全文化与安全教育培训管理程序	安全文化建设与安全教育指导文件	包括安全文化建设及对所有员工的培训要求
			法定从业人员管理规定	结合相关法规对持证人员与非持证人员资格、能力与职责要求,予以规范
			重要从业人员安全教育培训管理文件	内部获取资格或认证人员培训及管理规定,包括对法定从业人员的内部培训。具体培训方法与要求可体现在相关作业规程中
			相关方人员安全教育培训要求	学习、参观、相关方人员等外来人员安全培训
			安全教育培训档案	作为档案管理制度在此方面的具体支撑性文件

表 A.1 基本安全管理要素的体系文件建议清单(续)

序号	管理要素	程序文件(二级文件)	作业指导文件(三级文件)	备注
6	沟通	沟通管理程序文件	安全会议	
7	安全信息化	安全信息化管理程序	安全数据统计与分析管理要求	侧重安全底数的全面完整性与管理重点信息及时获取、分析与应用,突出安管牵头功能
			安全信息系统运行管理要求	
8	运行和绩效评价	安全管理体系运行与评审管理程序	试运行管理要求	
			安全管理体系评审细则	
			内部审核要求	
			管理评审要求	
		安全管理绩效评价程序	各级组织安全绩效考核细则	
			各级岗位安全绩效考核细则	
			安全奖惩	
9	改进	不符合控制与改进程序	纠正与预防措施管理文件	

表 A.2 通用安全管理要素的体系文件建议清单

序号	管理要素	程序文件(二级文件)	作业指导文件(三级文件)	备注
1	依法依规管理	法规、标准识别,评价与应用管理程序	—	及时完整收集相关法规、标准、对标、采标,以及全面落实法规、标准强制性管控要求
2	安全风险识别与管控	安全风险识别、评估与管控程序	风险识别与评估文件/作业指导文件	包括风险识别、评估基础工作建设、常规化与制度化开展风险识别、评估要求等。结合各专业要素制定,作为其在此方面的具体支撑性文件
			安全风险管控与事故隐患排查治理文件	结合各专业要素制定,作为其在此方面的具体支撑性文件
3	应急管理	应急体系建设与运行管理程序	应急预案管理文件	
			应急组织与人员管理文件	应急管理与作业人员管理,与教育培训和依法依规管理要求相结合
			应急设备工器具与物资管理文件	

表 A.2 通用安全管理要素的体系文件建议清单(续)

序号	管理要素	程序文件(二级文件)	作业指导文件(三级文件)	备注
3	应急管理	应急体系建设与运行管理程序	各类应急设备操作规程	结合设备设施安全管理要素要求编写,作为其在此方面的具体支撑性文件
			各类应急设备自检维护规程	结合设备设施安全管理要素要求编写,作为其在此方面的具体支撑性文件
			应急协作与外援管理文件	
			应急演练管理文件	配套编制演练计划、方案、评估表等。结合各专项安全管理要素应急演练要求制定
			应急风险评估管理文件	
			应急预警、接警与值班值守管理文件	
			应急工作专项检查规定	结合安全检查要素制定,作为其在此方面的具体支撑性文件
			应急医疗救护团队管理文件	
			各类专项应急预案及其对应的现场处置方案	结合各专项安全管理要素应急预案要求制定,作为其在此方面的具体支撑性文件,与之构成应急预案体系
			应急档案	作为档案管理制度在此方面的具体支撑性文件
4	安全事故	安全事故管理程序	安全事故报告及调查管理文件	
			事故责任人员处理规定	
			事故统计分析管理文件	
			企业管辖事故分类分级	可单独制定或在程序文件中规定
			事故档案	作为档案管理制度在此方面的具体支撑性文件

表 A.2 通用安全管理要素的体系文件建议清单（续）

序号	管理要素	程序文件 （二级文件）	作业指导文件 （三级文件）	备注
5	安全检查	安全检查 管理程序文件	综合安全检查（安全大检查）作业指导文件	
			各专项安全检查作业指导文件	针对不同种类专项检查，根据其专业特点、特性单独编写作业指导文件，结合各专项安全管理要素安全检查要求编写，或与之构成专项安全检查体系文件
			各类日常安全检查巡查作业指导文件	由业务部门或班组，以及安管、安保（消防）部门开展的常态化安全检查巡查。 针对不同种类日常安全检查巡查，根据其专业特点、特性单独编写作业指导文件，结合各专项安全管理要素安全检查要求编写，或与之构成日常安全检查巡查体系文件
			特定情况与时段的临时性检查抽查管理文件	可单独制定或在程序文件中规定
			接受上级单位或政府机构安全检查管理文件	
			安全检查数据汇总与统计分析	
			安全检查档案	作为档案管理制度在此方面的具体支撑性文件

表 A.3 专项安全管理要素的体系文件建议清单

序号	管理要素	程序文件 （二级文件）	作业指导文件 （三级文件）	备注
1	运营安全	运营安全 管理程序	高峰客流管控文件	高峰客流人员密度监测、预警与调节管控、现场引导疏散管控要求
			游乐观展项目（场馆、设备）安全运营管理文件	网格、班组对项目、场馆、设备所开展的运营管理文件（含相关作业）
			新运营项目/活动策划与实施安全管理文件	包括风险识别与管控、运营压力测试等
			服务人员管理文件	大型游乐设施、客运索道以及人员密集场馆运营服务人员等
			年度或临时性开闭园管理文件	

表 A.3 专项安全管理要素的体系文件建议清单（续）

序号	管理要素	程序文件 （二级文件）	作业指导文件 （三级文件）	备注
1	运营安全	运营安全管理程序	大型活动安全管理文件	
			一次性或临时性运营项目安全管理文件	如活动设施设计、制造与活动管控、火舞表演、密室逃脱（鬼屋）等
			运营安全值班管理文件	
			运营活动风险识别、评估与管控文件	作为安全风险识别管控要素在此方面的具体支撑性文件，可单独制定或并入其中
			运营安全标志管理文件（包括语音与视频告知提示）	可与安全标志要素、场地、建（构）筑物和设备设施要素相结合，可单独制定或并入其中
			运营应急管理文件	作为应急要素在此方面的具体支撑性文件，可单独制定或并入其中
			运营安全检查管理文件	作为安全检查要素在此方面的具体支撑性文件，可单独制定或并入其中
			运营安全档案	作为档案管理制度在此方面的具体支撑性文件
2	设备设施安全	设备设施管理程序	设备设施验收管理文件	新投用设备竣工验收或检验验收（包括大修、改造、移装等）
			设备故障管理文件	
			备品备件管理文件	
			特种设备安全管理文件/不同种类设备及环节（如自检维护、使用操作）作业指导文件	包含 8 大类特种设备，突出前场运营的各种大型游乐设施、客运索道等载人特种设备
			各专项安全管理要素设备设施管理文件/不同设备种类及环节作业指导文件	消防设备、燃气设备、电气设备、涉水设备、危险物品设备、动物相关设备等
			其他重要设备设施管理文件/不同种类设备及环节作业指导文件	每一种类重要设备设施
			设备修理改造管理文件	
			检验检测管理文件/作业指导文件	包含定期检验检测、试验等
			检维修仪器设备管理文件	

表 A.3 专项安全管理要素的体系文件建议清单（续）

序号	管理要素	程序文件 （二级文件）	作业指导文件 （三级文件）	备注
2	设备设施安全	设备设施管理程序	设备设施从业人员管理文件	尤其是法定资格人员及其他重要从业人员，与教育培训和依法依规管理要求相结合
			设备数据化系统管理文件（如有）	
			设备安全装置管理文件/不同种类设备安全装置作业指导文件	法规、标准要求设置并保持安全装置完好可靠的设备
			设备安全标志管理文件	作为安全标志要素在设备方面的具体支撑性文件，可单独制定
			各类设备设施重要作业指导文件	作为作业安全管理要素在此方面的具体支撑性文件。特种设备可单独制定
			设备设施防范应对自然灾害管理文件/作业指导文件	作为自然灾害要素在此方面的具体支撑性文件。可单独制定或并入其中
			设备风险识别、评估与管控文件	作为安全风险识别管控要素在设备方面的具体支撑性文件，与之构成体系
			设备应急管理文件/相关作业指导文件	作为应急要素在此方面的具体支撑性文件
			设备安全检查管理文件/相关作业指导文件	侧重于重要设备的专项安全检查与日常安全检查巡查，作为安全检查要素在设备方面的具体支撑性文件
			设备设施安全档案管理文件	作为档案管理制度在此方面的具体支撑性文件
3	建(构)筑物安全	建(构)筑物安全管理程序	建(构)筑物安全使用管理文件	如建(构)筑物少且无特殊要求时，可与二级文件合并
			建(构)筑物安全鉴定、安全评估与管控文件/相关作业指导文件	作为安全发现识别管控要素在此方面的具体支撑性文件，可单独制定或并入其中
			建(构)筑物相关从业人员管理	与教育培训和依法依规管理要求相结合

表 A.3　专项安全管理要素的体系文件建议清单（续）

序号	管理要素	程序文件（二级文件）	作业指导文件（三级文件）	备注
3	建(构)筑物安全	建(构)筑物安全管理程序	不同种类建(构)筑物日常检查维护作业指导文件	包括建(构)筑物本体、建(构)筑幕墙、玻璃采光顶、外墙与屋面装饰物、悬挂物、公用设备设施及重要设备等专项安全管理要求
			不同种类建(构)筑物定期检查检测作业指导文件	
			设备设施日常检查维护/定期检查检测作业指导文件	
			建(构)筑物修缮、大修、改造管理文件	内容不多时,可与二级文件合并
			季节性或临时性运营建(构)筑物安全管理文件	如鬼屋等设置、建造、验收、使用、检查维护、重新启用检验、房屋内水电气设备设施安全管控等。特殊要求少时,可并入二级文件或建(构)筑物管理文件
			各类建(构)筑物作业指导文件	如露天或半露天舞台、露天广告牌、天桥、涵洞、假山置石、堤坝、护坡、挡土墙等
			水族馆(大型水体)或其他涉水建(构)筑物安全管理文件/作业指导文件	
			建(构)筑物安全设施管理文件/不同种类安全设施作业指导文件	建(构)筑物较少且管理内容不多时,可在安全设施专项安全管理要素中予以规定
			建(构)筑物安全标志管理文件	可与安全标志要素和消防要素相结合,突出人员密集场馆,可单独制定或并入其中
			建(构)筑物相关各类重要作业指导文件	作为作业安全管理要素在此方面的具体支撑性文件。人员密集场馆可单独制定
			建(构)筑物防范应对自然灾害管理文件/作业指导文件	作为自然灾害要素在此方面的具体支撑性文件,可单独制定或并入其中
			建(构)筑物安全风险识别与管控	作为风险识别管控要素在此方面的具体支撑性文件,可单独制定或并入其中
			应急管理文件/相关作业指导文件	突出人员密集场馆疏散及消防应急,作为应急要素在此方面的具体支撑性文件
			安全检查巡查管理文件/相关作业指导文件	侧重于重要建(构)筑物的专项安全检查、安全巡查与巡更管理,作为安全检查要素在此方面的具体支撑性文件,可单独制定或并入其中
			建(构)筑物安全档案管理文件	作为档案管理制度在此方面的具体支撑性文件

表 A.3 专项安全管理要素的体系文件建议清单（续）

序号	管理要素	程序文件（二级文件）	作业指导文件（三级文件）	备注
4	场地环境安全	场地环境安全管理程序	园区场地和道路安全管理文件/不同业务作业指导文件	包含前后场场地、园区道路、游览休憩环境、围栏围墙、甬道台阶、游览指引、疏散引导标识、排水设施等方面检查、维护保养等
			场地悬吊挂物管理文件/相关作业指导文件	
			园区卫生环境管理文件	
			园林绿化安全管理文件	
			场地环境安全设施管理文件/不同种类安全设施作业指导文件	管理内容不多时，可在安全设施要素中予以规定
			场地环境安全标志管理文件	突出人员密集场地与风险区域，作为安全标志要素和运营要素在此方面的具体支撑性文件，可单独制定或并入其中
			自然灾害防范应对管理文件/作业指导文件	作为自然灾害要素在此方面的具体支撑性文件，可单独制定或并入其中
			场地环境风险识别、评估与管控文件	作为安全风险识别管控要素在此方面的具体支撑性文件，可单独制定或并入其中
			场地环境各类重要作业指导文件	作为作业安全管理要素在此方面的具体支撑性文件。人员密集场地、森林防火区域可单独制定
			场地环境应急管理文件/相关作业指导文件	作为应急要素在此方面的具体支撑性文件，可单独制定或并入其中，突出人员密集场地环境应急疏散
			安全检查管理文件/相关作业指导文件	侧重于人员密集场地环境与风险区域的安全巡查，作为安全检查要素在此方面的具体支撑性文件，可单独制定或并入其中
			场地环境安全档案管理文件	作为档案管理制度在此方面的具体支撑性文件

表 A.3　专项安全管理要素的体系文件建议清单（续）

序号	管理要素	程序文件（二级文件）	作业指导文件（三级文件）	备注
5	消防安全	消防安全管理程序	消防队伍建设与消防人员管理文件	与教育培训和依法依规管理要求相结合
			消防监控管理文件	
			消防设备设施管理文件/不同种类设备及环节作业指导文件	消防设备设施(含微型消防站、消防疏散设备)设置、设计、审查批准、投用验收、管理等,以及自检维护、使用操作、定期测试等环节,作为设备设施安全管理要素在此方面的具体支撑性文件
			人员密集场馆消防管理文件	大型商业综合体、游客集中场馆、员工宿舍等
			森林防火管理文件/相关作业指导文件	
			用火、用电、用气、用油审批及作业安全管理文件	作为作业安全管理要素在此方面的具体支撑性文件
			防火检查巡查巡更管理文件/相关作业指导文件	包括防火专项安全检查、日常防火检查巡查及电子巡更,作为安全检查要素的具体支撑性文件,可单独制定
			消防安全例会管理文件	
			消防安全标志管理文件	可与安全标志要素相结合,作为其具体支撑性文件
			火灾风险识别、评估与管控文件	包括火灾风险、火灾隐患、消防重点部位,作为安全风险识别管控要素在此方面的具体支撑性文件
			消防应急管理文件/相关应急作业指导文件	可与应急和运营要素相结合,作为其具体支撑性文件
			消防安全宣传与消防安全教育培训管理文件	
			消防安全档案管理文件	作为档案管理制度在此方面的具体支撑性文件

表 A.3 专项安全管理要素的体系文件建议清单(续)

序号	管理要素	程序文件 (二级文件)	作业指导文件 (三级文件)	备注
6	电气安全	电气安全管理程序	电气设备安装与电气线路敷设相关作业指导文件	包含设计与设置、进场验收、安装施工、检查验收等环节的质量管控要求,作为设备设施安全管理要素在此方面的具体支撑性文件
			临时用电安全管理文件	包含事前审批、使用期间检查维护、事后拆除等要求。临时用电设计设置同时满足电击防护与电气防火的要求
			停、送电作业规程	
			供配电设备设施相关作业指导文件	安全操作、检查维护、测试等(含各类设备、配电柜/配电箱、线路等),作为设备设施安全管理要素在此方面的具体支撑性文件
			应急发电机相关作业指导文件	安全操作、检查维护、测试等(含各类设备、配电柜/配电箱、线路等),作为设备设施安全管理要素在此方面的具体支撑性文件
			UPS/EPS 检查维护规程	包含电池维护保养、充放电测试、转换测试等。 安全操作、检查维护、测试等(含各类设备、配电柜/配电箱、线路等),作为设备设施安全管理要素在此方面具体支撑性文件
			用电设备设施相关作业指导文件	安全操作、检查维护、测试等,作为设备设施安全管理要素在此方面的具体支撑性文件
			电工仪器仪表安全操作规程	万用表、绝缘测试仪、接地电阻测试仪等
			电工安全用具安全操作规程	验电笔、接地线、绝缘棒、绝缘梯等安全用具
			电气安全防护装置相关作业指导文件	漏电保护装置、防雷装置、防静电装置、等电位连接、接地等电气安全装置设置、日常检查维护与定期检验检测等方面,作为安全防护要素在此方面的具体支撑性文件

表 A.3 专项安全管理要素的体系文件建议清单(续)

序号	管理要素	程序文件 (二级文件)	作业指导文件 (三级文件)	备注
6	电气安全	电气安全管理程序	用电设备与电气线路定期检测规程	尤其是人员密集场地场馆、涉水环境使用的用电设备(油汀、烤炉等加热设备、电机、灯具等)与电气线路
			充电安全管理文件	包含充电车辆、充电工具、充电设备的管理要求
			电气作业人员管理文件	包含着装、值班、交接班、作业防护等安全管理要求,与教育培训和依法依规管理要求相结合
			变压器室、配电室、发电机房管理文件	包含进入电力设备区域安全管理要求,如出入登记、陪同、安全防护、安全距离、防火等
			电气安全标志管理文件	可与安全标志和相关要素相结合,作为安全标志要素在此方面的具体支撑性文件,可单独制定或并入其中
			电气作业指导文件	作为作业安全管理要素在此方面的具体支撑性文件,可单独制定或并入其中
			电气设备设施防范应对自然灾害管理文件/作业指导文件	可结合设备设施安全管理要素,作为自然灾害要素在此方面的具体支撑性文件,可单独制定或并入其中
			电气安全风险识别、评估与管控文件	作为风险识别管控要素在此方面的具体支撑性文件,可单独制定或并入其中
			电气应急管理文件	作为应急要素在此方面的具体支撑性文件,可单独制定或并入其中
			电气安全检查巡查相关作业指导文件	作为安全检查要素在此方面的具体支撑性文件,包括专项电气安全检查与日常安全检查巡查
			电气安全档案管理文件	作为档案管理制度在此方面的具体支撑性文件

表 A.3 专项安全管理要素的体系文件建议清单（续）

序号	管理要素	程序文件 （二级文件）	作业指导文件 （三级文件）	备注
7	燃气安全	燃气安全管理程序	燃气设备设施相关作业指导文件（管道系统或各类燃气设备设施安全操作规程、自检维护规程等）	各类用气设备与各类管道（包括地上地下、水下管道、室内管道、管道阀门井与表箱等）
			不同燃气设备设施定期检验检测规程	各类用气设备与各类管道（包括地上地下、水下管道、室内管道、管道阀门井与表箱等）
			燃气设备设施作业人员管理文件	与教育培训和依法依规管理要求相结合
			燃气各类重要作业指导文件	检维修作业、管道动土作业、应急作业等，作为作业安全管理要素在此方面的具体支撑性文件
			燃气安全设施与安全装置管理文件	设备设施维护、可燃气体探测器报警、紧急切断阀、速断阀、防爆通风装置等，作为安全防护要素在此方面的具体支撑性文件
			燃气安全标志管理文件	与安全标志和相关要素相结合，作为其在此方面的具体支撑性文件，可单独制定或并入其中
			燃气安全风险识别、评估与管控文件	作为风险识别管控要素在此方面的具体支撑性文件（尤其要注重燃气泄漏形成密闭爆炸空间风险）
			燃气应急管理文件	与应急要素和相关要素相结合，作为风险识别管控要素在此方面的具体支撑性文件
			燃气安全检查巡查相关作业指导文件	作为安全检查要素在此方面的具体支撑性文件，包括专项燃气安全检查与日常安全检查巡查
			燃气安全档案管理文件	作为档案管理制度在此方面的具体支撑性文件

表 A.3 专项安全管理要素的体系文件建议清单（续）

序号	管理要素	程序文件 （二级文件）	作业指导文件 （三级文件）	备注
8	危险物品安全	危险物品管理程序	危险物品采购、使用与危险物品储存和使用场所审批规定	储存和使用场所（尤其是中间仓或临时储存点）设置审批、新采用或更改危险物品审批等
			危险物品运输安全管理文件	含运输设备
			危险物品仓储与库房安全管理文件	
			汽油库、柴油库、汽车加油/加气站管理文件	
			危险物品相关设备作业指导文件（使用操作、自检维护规程）	储存、使用设备设施与工器具，作为设备设施安全管理要素在此方面的具体支撑性文件
			各类危险物品作业指导文件	如汽油、柴油等加油安全操作规程，环境消毒或水处理药剂加药操作规程，烟花爆竹运输、储存、搬运、燃放等
			危险物品从业人员管理文件	与教育培训和依法依规管理要求相结合
			危险物品安全设施与安全装置管理文件	作为安全防护要素在此方面的具体支撑性文件
			危险物品安全标志管理文件	与安全标志和相关要素相结合，作为其在此方面的具体支撑性文件，可单独制定或并入其中
			危险物品废弃物安全管理文件	
			危险物品安全风险识别、评估与管控文件	作为风险识别管控要素在此方面的具体支撑性文件
			危险物品应急管理文件/相关作业指导文件	与应急要素和相关要素相结合，作为风险识别管控要素在此方面的具体支撑性文件
			危险物品安全检查巡查相关作业指导文件	作为安全检查、消防等相关要素在此方面的具体支撑性文件，包括专项安全检查与日常检查巡查
			危险物品安全档案管理文件	作为档案管理制度在此方面的具体支撑性文件

表 A.3 专项安全管理要素的体系文件建议清单(续)

序号	管理要素	程序文件 (二级文件)	作业指导文件 (三级文件)	备注
9	安全设施与安全装置	安全设施与安全装置管理程序	未包括在各专项安全管理要素中的安全设施与安全装置作业指导文件	作为各相关专项安全管理要素涉及安全设施与安全装置的原则性通用要求,与各相关要素此方面三级文件形成分项体系文件
10	安全标志	安全标志管理程序	未包括在各专项安全管理要素中的安全标志作业指导文件	作为各相关专项安全管理要素涉及安全标志的原则性通用要求,与各相关要素此方面三级文件形成分项体系文件
11	作业安全	作业安全管理程序	各类特种作业规程	由各相关专项安全管理要素涉及特种作业规程构成
			各类特种设备作业规程/文件	由各种类特种设备及其各环节相关作业规程/文件构成
			危险作业安全管理文件	特种作业、特种设备作业以外的危险作业及不确定风险作业等的风险识别、作业方案制定审批、作业过程管控等
			作业人员管理文件	由各专业要素作业人员管理文件构成,及未包括在其他专业要素的作业管控要求
			各类作业工器具管理文件	结合各相关专项安全管理要素工器具管理(牵头汇总),以及未包括在设备设施安全管理要素中的工器具
			作业防护与安全标志管理文件	结合各相关专项安全管理作业防护与安全标志管理(牵头汇总),以及未包括在作业安全与安全标志要素中的内容
			作业安全风险识别与管控文件	结合各相关专项安全管理安全风险识别与管控管理(牵头汇总),以及未包括在安全风险识别与管控安全管理要素中的内容,尤其是一次性临时作业
			作业应急管理文件/相关作业指导文件	结合各相关专项安全管理作业应急管理(牵头汇总),以及未包括在应急管理要素中的作业应急要求
			重要作业安全检查巡查管理文件	结合各相关专项安全管理安全检查巡查管理(牵头汇总),以及未包括在安全检查要素中的重要作业安全检查巡查

表 A.3 专项安全管理要素的体系文件建议清单(续)

序号	管理要素	程序文件 (二级文件)	作业指导文件 (三级文件)	备注
12	食品安全	食品安全管理程序	新产品(包括新出品、新原物料、新品牌/规格原物料等)的风险分析	
			食品加工品质控制规程	
			食品贮存及一次性用品的贮存作业指导文件	
			食品检验检测操作作业指导文件	
			食品留样、食品有效期限管控等作业文件	
			不合格食品处置管理文件	
			食品追溯管理文件	
			食品相关场所(环境卫生、检查、清洗消毒)作业指导文件	结合危险物品要素,作为其在此方面的具体支撑性文件
			食品相关设备设施(操作、检查、清洗消毒)作业指导文件	结合设备设施要素,作为其在此方面的具体支撑性文件
			餐饮具清洗消毒、保洁管理文件	结合危险物品要素,作为其在此方面的具体支撑性文件
			有毒有害物品管控文件	结合危险物品要素,作为其在此方面的具体支撑性文件
			食品、食品添加剂、食品相关产品进货查验	
			餐饮从业人员健康管理文件	
			昆虫鼠害控制文件	
			餐厨废弃物管理	
			食品相关计量器具校验管理文件	
			食品标识标签	食品加工与贮存、不合格产品等,以及结合食品相关场地场所、加工设备等

表 A.3 专项安全管理要素的体系文件建议清单(续)

序号	管理要素	程序文件 (二级文件)	作业指导文件 (三级文件)	备注
13	自然灾害防御	自然灾害防御管理程序	自然灾害风险识别、评估与管控	作为风险识别管控要素在此方面的具体支撑性文件
			自然灾害防御硬件能力建设管理文件	
			自然灾害危险区域监控监测管理文件	
			自然灾害应急管理文件/相关作业指导文件	作为应急要素在此方面的具体支撑性文件
			自然灾害防御检查巡查制度	作为安全检查要素在此方面的具体支撑性文件
			自然灾害风险公布与告知管理文件	
14	职业健康管理	职业健康管理程序	工作场所健康风险识别与管控文件	作为风险识别管控要素在此方面的具体支撑性文件
			劳动防护用品管理文件	作为安全防护要素在此方面的具体支撑性文件
			职业健康警示标志管理文件	作为安全标志要素在此方面的具体支撑性文件
			工伤处理管理文件	
			职业健康档案	作为档案管理制度在此方面的具体支撑性文件
15	相关方管理	相关方管理程序	相关方审查评审管理文件(资格资质、合同与安全协议、制度文件等)	作为各安全管理要素相关方管理的通用性要求。当某一安全管理要素的相关方特定管理内容较多时,可另行制定管控文件与本要素配套
			外来施工(维修)人员管理文件	
			外来施工作业安全管理	重要作业或不确定风险作业、交叉作业等风险识别、审批、安全设施与安全标志设置、施工过程中安全管控、应急等
			施工与服务安全质量管控文件	事前、事中与事后安全质量管控
			外驻单位安全管理文件	如特许许可方、商店、演艺合作等外驻人员管理及其活动、临时办公、休息、仓储以及设备设施管理、档案管理等

表 A.3 专项安全管理要素的体系文件建议清单(续)

序号	管理要素	程序文件 (二级文件)	作业指导文件 (三级文件)	备注
16	演出安全	演出安全管理程序	演出设备设施相关作业指导文件(使用操作、自检维护等)	作为设备设施安全管理要素在此方面的具体支撑性文件
			各类演出设备设施定期检验检测作业指导文件	作为设备设施安全管理要素在此方面的具体支撑性文件
			各类演出建(构)筑物相关作业指导文件(自检维护、定期检验与评价等)	与运营安全、建(构)筑物安全管理要素相结合,作为其在此方面的具体支撑性文件
			演出场地环境相关作业指导文件	与运营安全、场地环境安全管理要素相结合,作为其在此方面的具体支撑性文件
			演出活动安全管理文件	可与运营安全相结合
			演出活动安全风险识别与管控 **注:** 包括室内外演出、花车巡游、焰火表演、喷火表演、水上水下表演、无人机表演、大型 LED 屏展演、动物展示与科普等演出活动,以及相关作业风险识别与管控等	可与运营安全、作业安全管理要素相结合,作为风险识别管控要素在此方面的具体支撑性文件
			演职人员管理文件	与教育培训和依法依规管理要求相结合
			演出用车辆与驾驶安全管理文件	与交通安全管理要素相结合,可单独编制或合并其中
			演出相关方安全管理	作为相关方安全管理要素在此方面的具体支撑性文件,如烟花爆竹相关方、外来演出团队、出租场地演出等
			演出应急管理文件/相关作业指导文件	与运营安全相结合,作为应急要素在此方面的具体支撑性文件
			演出安全检查巡查作业指导文件	与运营安全、消防安全管理要素相结合,作为安全检查要素在此方面的具体支撑性文件

表 A.3　专项安全管理要素的体系文件建议清单（续）

序号	管理要素	程序文件（二级文件）	作业指导文件（三级文件）	备注
17	涉水安全	涉水安全管理程序	涉水运营活动与游客涉水行为安全管理文件	
			水域水体与涉水场地环境安全管理文件	人工湖、河、池、水景、水库等各类水体的安全管理
			各种涉水建(构)筑物的自检维护规程	如码头、堤坝等
			涉水各类设备设施相关作业指导文件（使用操作、自检维护）	如闸门、船舶、潜水、救生、水上水下作业设备设施，作为设备设施安全管理要素在此方面的具体支撑性文件
			涉水各类设备设施定期检验检测作业指导文件	如闸门、船舶、潜水、救生、水上水下作业设备设施，作为设备设施安全管理要素在此方面的具体支撑性文件
			涉水场地与水域（水上水下）电气安全管理	水域电气设备和线路的特殊要求，作为电气安全管理要素在此方面的具体支撑性文件，内容较少时可合并在电气安全管理要素相关文件中
			涉水重要作业管理文件/作业指导文件	作为作业安全管理要素在此方面的支撑性文件，包括水上水下作业、潜水、驾驶船只、监护救生、消毒等作业
			涉水危险物品管理文件	作为危险物品专项安全管理要素在此方面的具体支撑性文件
			水质检测与化验作业指导文件	
			涉水人员管理文件	尤其是法定资格人员及其他重要从业人员，与教育培训和依法依规管理要求相结合
			涉水安全风险识别与管控文件	与相关专项安全管理要素结合，作为风险识别管控要素在此方面的具体支撑性文件
			涉水应急管理文件/相关作业指导文件	与相关专项安全管理要素结合，作为应急要素在此方面的具体支撑性文件
			涉水安全防护与安全标志管理文件	作为安全防护、安全标志要素在此方面的具体支撑性文件
			涉水安全检查巡查作业指导文件	与相关专项安全管理要素结合，作为安全检查要素在此方面的具体支撑性文件

表 A.3　专项安全管理要素的体系文件建议清单（续）

序号	管理要素	程序文件（二级文件）	作业指导文件（三级文件）	备注
18	动物安全	动物安全管理程序	动物观赏、饲养相关建(构)筑物管理文件、技术文件	观赏环境与建(构)筑物、笼舍、防护用品、麻醉工具、诊疗仪器、灭菌设备等，作为环境场地、建(构)筑物及设备设施安全管理要素在此方面的具体支撑性文件
			动物相关设备设施安全管理文件	
			动物相关设备设施作业指导文件(使用操作规程、自查维保规程等)	
			动物相关重要作业指导文件(动物饲养、保育、展示、运输、体检诊疗、防疫、环境消毒等)	主要针对猛兽动物、大型草食动物、灵长类动物等危险性较大的动物
			游客观赏动物行为安全管理文件	
			动物安全设施管理文件	与场地环境、建(构)筑物与作业等专项安全管理要素结合，作为安全防护要素在此方面的具体支撑性文件
			动物安全标志管理文件	作为安全标志要素在此方面的具体支撑性文件
			动物安全风险识别与管控文件	作为风险识别管控要素在此方面的具体支撑性文件
			动物应急管理文件/相关作业指导文件	作为应急要素在此方面的具体支撑性文件
			动物安全检查巡查作业指导文件	作为安全检查要素在此方面的具体支撑性文件
			动物安全档案	作为档案管理制度在此方面的具体支撑性文件

表 A.3 专项安全管理要素的体系文件建议清单（续）

序号	管理要素	程序文件（二级文件）	作业指导文件（三级文件）	备注
19	园区交通安全	园区交通安全管理程序	交通道路设施管理文件	道路、桥梁、涵洞、安全设施等
			车辆管理文件/操作与检维修规程（道路行驶车辆、场内机动车等）	作为设备设施安全管理要素在此方面的具体支撑性文件
			驾驶人员与安全驾驶管理文件	持证、培训、身心健康、驾驶要求等
			园区交通管控要求	高峰客流或大型活动、特殊物品运输等交通管控
			交通安全标志管理文件	与场地环境要素结合，作为安全标志要素在此方面的具体支撑性文件
			园区交通事故处理办法	
			交通安全风险识别与管控文件	作为风险识别管控要素在此方面的具体支撑性文件
			交通应急管理文件/相关作业指导文件	作为应急要素在此方面的具体支撑性文件，包括应急交通保障机制、交通管制、设立警戒区和警戒哨、开启应急救援“绿色通道”等
20	其他	其他安全管理要素管理程序文件	计量与检测化验管理文件/相关作业指导文件	无损检测、仪器仪表计量（开展此类业务的）、食品检验、动物检疫等，与相关专项安全管理要素结合
			无人机管理文件/相关作业指导文件	作为运营安全、设备设施安全管理要素在此方面的具体支撑性文件
			其他安全相关管理要求	

参 考 文 献

[1] GB/T 13017 企业标准体系表编制指南

[2] GB/T 15496 企业标准体系 要求

[3] GB/T 19001 质量管理体系 要求

[4] GB/T 19011 管理体系审核指南

[5] GB/T 19023 质量管理体系文件指南

[6] GB/T 33000 企业安全生产标准化基本规范

[7] GB/T 35778 企业标准化工作 指南

[8] GB/T 40951 城市客运枢纽运营安全管理规范